오늘부터

베란다 농부

쉽게 길러서 맛있게 요리하는 베란다 텃밭 가꾸기

오늘부터 베란다 농부

이해솔(솔룬) 지음

베란다에서
채소 키워 먹고
삽니다

저의 하루는 아침 베란다에서 시작합니다. 알람 시계를 끄고, 안방에 딸린 작은 베란다 창문을 열고 나서야 간신히 졸린 눈이 떠지기 때문이에요. 창문을 여는 순간 들어오는 바깥바람은 집 안에 고여 있는 공기보다 늘 신선합니다. 그 순간이 저는 참 좋습니다. 사람인 저도 좋은데 식물은 얼마나 좋을까요? 그래서 저희 집 식물들이 모두 싱그럽게 잘 자라나 봅니다.

아침마다 베란다를 시작으로 거실, 식물 방까지 순서대로 환기를 시키며 화분들을 살핍니다. 마른 잎과 가지를 걷어 내며 베란다 농부이자 식물 집사인 저의 하루가 시작됩니다. 가장 먼저 물 조리개에 물을 담아 겉흙이 마른 화분에 물을 줍니다. 어느 식물은 물을 많이 먹고, 또 어떤 식물은 정반대이지요. 화분을 하나씩 들여다보며 시중을 들다 보면 정말 집사가 따로 없단 생각이 듭니다.

아침 식물 돌보기가 마무리되면 식물이 내뿜는 싱그러운 기운 속에서 가볍게 스트레칭을 합니다. 초록 공간에서 기분 좋게 아침을 맞이하며 시작하는 하루가 참 좋습니다.

몸이 그만하라는 신호를 보내다

지금은 한껏 여유로운 날들을 보내고 있지만, 불과 5년 전의 저는 완전히 다른 사람이었습니다.

저는 지난 15년 동안 프리랜서 방송인으로 살았습니다. 방송 일을 하면서 운이 좋게도 다양한 직종의 사람들을 만났고, 그만큼 일도 많았습니다. 정말 눈코 뜰 새 없이 바쁜 나날을 보냈습니다. 주로 KBS1 〈6시 내고향〉 리포터로 활동했습니다. 이 프로그램은 취재 분야가 전통시장, 인물, 농업 등으로 나뉘어 있는데, 저는 그중 농업 지역을 취재하는 리포터였습니다. 그러다 보니 농어촌 지역을 많이 가게 되었어요.

시골의 아침은 도시의 아침보다 굉장히 빠르게 시작됩니다. 새벽 4시에는 일어나 농사일을 시작하시는 어르신들 덕분에 저 역시 오랜 시간 그 루틴을 따르게 되었습니다. 오전에 지방에서 야외 촬영을 마치면 오후 시간에는 수도권에서 행사를 진행했습니다.

하루에도 여러 지역을 다니며 참 많은 일정을 소화했어요. 일이 많으니 그만큼 미팅 자리도 잦았고, 속해 있는 직장도 늘어나며 자연스레 동료 간의 모임도 많아졌습니다. 월간 스케줄러로 시작했던 일정 정리는 어느새 주간 스케줄러로 변하고, 또 일별 스케줄러로 정리해야 하는 수준까지 되었습니다.

누군가가 저에게 열심히 일하라고 강요한 것은 아니지만, 이 시절의 저에겐 욕심이 있었습니다. 스스로 더 엄격하게 행동했습니다. 식사는 이동하면서 차에서 먹고, 몸이 아프면 일정 사이에 병원에서 링거를 맞으며 지냈습니다. 스스로 몸을 힘들게 하고 마음을 지치게 만들었습니다.

그러던 중 아침에 일어났는데 목소리가 나오지 않았습니다. 약간 쌀쌀한 날이어서 감기인가 싶었지만 열은 없고 기침이 나지도 않았습니다. 감기가 아닌데도 목이 심하게 잠겨 말을 할 수 없는 지경이었습니다. 생방송이 두 개나 있는 날이었는데, 방송을 무사히 진행할 수 있을지 걱정되었습니다. 내 몸보다 일 걱정이 우선이었지요. 이때의 몸 상태를 사소한 '해프닝' 정도라고 생각했습니다. 하지만 그렇게 몇 개월 동안 조금씩 잠기던 목소리가 거의 나오지 않게 되자 비로소 겁이 났습니다.

지금까지 말로 벌어먹고 살았는데 계속 목소리가 나오지 않으면 어떻게 할지 막막했습니다. 지금 생각해 보면 그때의 저는 '번아웃' 상태였습니다. 열정을 활활 태우다 못해 내 몸까지 불태워 버렸던 것이지요. 힘들어진 몸이 '제발 그만 좀 해'라고 신호를 준 것입니다.

잠기던 목소리가 쉰 소리로 바뀌고 겨우 숨소리만 나올 정도로 완전히 소리를 잃고 나서야 일터에 양해를 구하고 하차했습니다. 새벽부터 밤까지 밖에서 떠돌며 시끌벅적했던 제 스케줄에 처음으로 고요함이 찾아온 순간이었습니다.

베란다가 눈에 들어오다

마지막 일을 정리하고 이틀 정도 내리 잠만 잤습니다. 새벽 촬영을 위해 잠을 못 자고 준비해서 나가던 생활이 익숙했기 때문입니다. 누적된 피로를 겨울잠처럼 몰아서 잘 수 있다는 사실에 오히려 잠깐은 좋았던 것 같습니다. 하지만 잠에서 깨자 막상 저에게 찾아온 것은 해방감이 아닌 막

막함이었습니다. 매일매일을 분 단위로 짜여진 일정에 맞춰 살아가던 제게 할 일이 없다는 것은 큰 두려움이었습니다. 나침반 없이 항해를 해야 하는 느낌이랄까요?

그런 제 눈에 들어온 것이 큰 베란다였습니다. 결혼 전에 신혼집을 보러 다닐 때, 유독 저의 눈을 사로잡았던 우리 집 베란다. 요즘 트렌드에 맞지 않게 베란다를 트지 않은 집이었습니다. 게다가 아침부터 오후까지 해가 아주 잘 드는 통창이 마음에 들어 그 집으로 결정했습니다. 그러고 보니 집을 계약하고, 베란다에서 뭔가를 하려고 계획도 했었던 것 같아요. 시간 부자가 되니 그 계획이 슬그머니 떠올랐습니다.

'당장, 식물을 들여야겠다.'

사실 집에서 직접 식물을 키운 기억은 없었습니다. 어렴풋이 아주 어렸을 때 엄마가 기르던 화분들이 다였지요. 그런데 그마저도 가족 모두가 바쁘다 보니 차분하게 화분을 돌볼 사람이 없어 말라죽어 갔던 기억이 나요. 하지만 이제는 남는 게 시간이고, 어차피 목소리도 안 나와서 누굴 만나 대화할 수 있는 여력도 없었기에 말 못하는 식물을 들이기로 마음먹었습니다.

농장에 가서 허브 화분을 몇 개 사왔습니다. 허브를 들인 특별한 이유는 없었지만, 아무래도 직업병이 아니었나 싶습니다. 15년을 시골에서 농부 분들을 인터뷰하며 파밍 작물이 익숙했으니까요. '식물이란 건 먹으려고 키우는 거 아닌가?'라는 생각만 가득했습니다. 지금 생각해 보면 정말 신기해요. 아무튼 저는 허브 화분을 들였습니다. 고기를 구울 때 살짝 향을 올려줄 로즈마리, 파스타에 곁들일 바질, 차로 마실 페퍼민트까지 소소하게 식물과 함께하는 삶을 시작했습니다.

식물을 돌보며 나를 돌보다

세상에 쉬운 일이 어디 있을까요? 여유롭게 식물 키우는 삶을 꿈꿨지만, 돌이켜 보니 시작은 참 험난했습니다. 아무리 농작물에 익숙했다고 한들 실내에서의 식물 돌보기는 완전히 다른 이야기였어요.

가장 기본적인 물 주기부터 난항이었습니다. 분명 물을 자주 주는데 자꾸 화분이 죽었습니다. 알고 보니 원인은 '과습'이었지요. 노지에서 키우는 식물은 쉴 새 없이 바람이 불기 때문에 땅이 잘 말라 매일 물을 줘야 하지만, 실내 화분은 그렇지 않았습니다. 흙이 마를 새 없이 물을 주다 보니 뿌리가 썩었지요. 한 반년 정도는 식물이 왜 죽는지를 배우는 시간을 가졌습니다.

세 종류 허브 화분으로 시작했던 소소한 제 베란다는 반년 새에 상추, 깻잎, 치커리 등 다양한 잎채소와 토마토 같은 열매채소로 채워졌습니다.

싱그러운 식물들과 함께하니 여유와 안정감이 생겼습니다. 그리고 집 식탁도 덩달아 풍성해졌습니다. 바질은 페스토로 만들어 파스타로 먹고, 딜로 버터를 만들어 생선을 굽는 데 사용했습니다. 직접 기른 상추와 깻잎은 깨끗하고 향이 아주 좋았습니다. 이렇게 결실을 맺은 작물들을 수확해 식탁에 올리니 뿌듯함과 보람이 이루 말할 수 없었지요. 안정감과 더불어 삶의 활력까지 생겨났습니다.

내가 식물들에게 맞추는 부분이 있듯, 식물들도 나에게 맞춰 주는 부분이 있습니다. 누가 누굴 돌보는 법이 아니라 함께 살아가는 법을 배웠지요. 그렇게 식물을 사랑하게 되었습니다.

작물로 재미를 본 뒤에는 관엽 식물들도 하나둘 들이기 시작했습니다. 그러다 보니 지금은 일일이 세기도 어려운 150개가 넘는 식물과 함께 살고 있습니다. 모두 화원에서 구입한 것은 아닙니다. 키우던 식물을 잘라 삽목해 새 개체로 옮겨 놓은 화분도 있고, 주변 지인들의 병든 식물이 저희 집으로 왔다가 그대로 정착한 경우도 참 많습니다.

식물을 기르는 일은 여전히 즐겁습니다. 콘크리트로 지어진 답답한 도시의 아파트 속에서도 싱그러운 화분 한두 개만 있으면 공간이 밝아집니다. 집 밖을 나가지 않아도 집 안의 식물을 통해 사계절을 온전히 느낄 수 있습니다. 새순이 피면 베란다에 봄이 옵니다. 여름엔 꽃이 피고 가을엔 잎에 윤기가 넘쳐요. 겨울을 나는 월동 식물이 잎을 다 떨어뜨리고 덩그러니 남아 있는 모습을 보며 다시 가지에서 새순이 피어날 날을 기다리게 됩니다.

식물 키우기를 망설이거나 어려워하는 사람들에게 집 안 곳곳, 베란다에서 초록의 식물과 함께하는 싱그러운 일상을 소개하고 싶습니다.

베란다 농부, 식물 집사

이해솔

contents

2부

오늘부터 시작하는 베란다 채소 키우기

1부

베란다 농사 전 알아야 할 것들

1장

실내 식물 관리의 3요소

실내에서 식물을 키우는 것은 많은 이들에게 즐거움을 줍니다. 식물은 공간에 생명을 불어넣을 뿐만 아니라 우리의 정신 건강에도 긍정적인 영향을 미칩니다.

식물이 실내 환경에서 잘 적응하고 성장하려면 그만큼 적절한 관리가 필요합니다. 식물 관리의 필수 요소를 익히는 것이 중요하지요. 인간이 살아가는 데 꼭 필요한 영양소가 탄수화물, 단백질, 지방 세 가지인 것처럼, 식물의 세 가지 핵심 요소는 '물, 빛, 바람'입니다. 바쁜 일정을 소화하며 끼니를 대충 넘겼던 제 몸이 겉으론 멀쩡해 보였어도 속부터 아파 갔듯이, 식물도 이러한 요소들을 잘 챙겨 주지 않으면 생명력을 잃고 시들어 갑니다.

식물에게 물은 가장 기본적인 요소이며, 영양분 흡수와 광합성 과정에 중추적인 역할을 합니다. 빛은 식물이 에너지를 생산하고, 생장하는 데 필요한 광합성을 촉진합니다. 마지막으로 적절한 바람(공기 순환)은 식물의 호흡을 도와줄 뿐만 아니라 병해충을 예방하는 데 도움을 줍니다. 이러한 요소들은 식물의 건강과 실내 공기의 질, 우리의 생활 환경에도 영향을 미칩니다.

그렇다면 물, 빛, 바람을 어떤 방식으로 식물에게 제공해야 할까요? 올바른 방법은 무엇일까요? 지금부터 어떻게 말 못하는 식물과 소통할지, 당연하지만 놓치기 쉬운 것들은 무엇인지 알아보겠습니다.

물, 식물 생장의 기본

물은 지구상에 존재하는 모든 생명체에게 필요합니다. 동물과 식물 모두에게 물은 생존에서 뗄 수 없는 요소이지요. 흙 없이 물로만 키우는 수경재배는 있어도, 물 없이 흙으로만 키우는 재배 방식은 상상할 수 없을 정도이니 말입니다. 특히 식물은 물을 잘 조절하는 것이 정말 중요합니다.

사람들은 물 관리를 잘 못해서 식물이 죽는다고 하면 대부분 물을 제때 주지 못해서 말라 죽는 경우를 먼저 생각합니다. 하지만 참 재미있는 점은 집 안에서 키우는 식물은 반대일 때가 더 많습니다. 식물에 관심 없는 사람이 어쩔 수 없이 선물로 받은 화분을 방치하는 경우가 아니라면, 대부분의 사람들은 식물에 물을 잘 줍니다. 그것도 아주 자주.

실내 식물의 위험, 물 부족보다 과잉

실내 식물은 물 과잉에 더 취약합니다. 대부분의 실내 식물은 화분에서 키워집니다. 물론 적당한 크기의 화분을 잘 골라서 식물을 심어 두었겠지요. 하지만 야외 환경과 달리 실내에는 바람이 지속적으로 불지 않아 화분 속 흙의 배수나 통기성이 상대적으로 취약합니다. 아무리 배수가 좋은 흙을 사용하고 통기성 좋은 화분을 사용한다 하더라도 신경 써야 하는 부분이 많습니다.

이러한 상황에서 잘 마르지 않은 흙에 물을 자주 그리고 많이 준다면 어떻게 될까요? 흙은 항상 젖어 있을 테고, 뿌리는 점차 무르다 못해 썩어 들어갈 것입니다. 뿌리가 썩지 않더라도 습한 화분은 각종 식물병과 해충을 일으키는 원인으로 작용합니다.

저 역시 식물에 무지하던 시절, 키우기 쉽다고 알려진 고무나무를 들여온 적이 있습니다. 초창기에 들여온 화분이라 애지중지 돌봤던 기억이 납니다. 이상하게도 물을 정성껏 줬다고 생각했는데, 고무나무는 점점 말라 갔습니다. 생생했던 녹색 잎은 점차 노랗게 변했고, 이윽고 낙엽으로 우수수 떨어졌습니다. 살려보고 싶은 마음에 더 자주 물을 줬지만 결국은 죽고 말았습니다.

화분을 정리하려고 화분과 식물을 분리해 보니 흙속에 물이 가득하고, 뿌리가 모두 사라질 정도로 물러 있었습니다. 바로 과습이 문제였습니다. 익사할 것 같은 식물에 계속 물을 더 준 셈이었지요.

이렇듯 초보 베란다 농부에게 물 조절은 참 어려운 일입니다. 그래서 미연에 방지할 수 있도록 올바른 물 주는 방법을 익혀 두는 것이 좋습니다.

물을 너무 많이 주면 생기는 일

① 물의 양이 과하면 먼저 녹색 잎이 노랗게 변합니다. 싱그러움을 잃고 점점 말라 가지요.

② 뿌리가 모두 사라질 정도로 물러 있는 것 역시 과습의 증거입니다.

식물에게 물이 필요한 순간

식물에게 물을 적절한 시기에 주려면 흙의 상태를 관찰하는 게 중요합니다. 흙이 말랐을 때 물을 주는 것이 물 주기의 기본입니다. 흙이 충분히 물을 머금고 있다면 물을 줄 필요가 없습니다. 이렇게 해야 과습 없이 식물의 뿌리가 필요한 만큼의 수분을 흡수할 수 있습니다.

그렇다면 흙이 말랐다는 사실을 어떻게 알 수 있을까요? 우선 눈으로 보는 방법입니다. 화분의 담긴 가장 겉면의 흙을 봤을 때, 색이 평소보다 진하고 젖어 있는 것처럼 보인다면 아직까지 물을 가득 머금고 있는 상태입니다. 며칠이 지나도 잘 구분이 가지 않으면, 손가락으로 겉흙을 살짝 꼬집어서 문질러 보세요. 흙이 말랐다면 손에서 쉽게 부스러지며 묻지 않고 먼지처럼 떨어지지만, 수분이 남아 있다면 손가락에 축축한 흙이 묻어나며 잘 떨어지지 않습니다.

만약 그래도 잘 모르겠다면 정확한 도구를 사용하는 방법도 있습니다. 시중에 파는 '토양습도계'는 흙의 상태를 보다 정확하게 파악할 수 있게 도와주는 도구입니다. 화분 속 흙에 물이 얼마나 남아 있는지 눈금이나 색깔의 변화로 정확히 보여 주기 때문에 초보 베란다 농부에게 가장 추천합니다.

만약 습도계가 없다면 집에 있는 나무젓가락을 이용해도 좋습니다. 나무젓가락을 화분에 꽂아 10분 정도 둔 뒤에 뽑았을 때, 젓가락에 젖은 흙이 묻어나오지 않으면 화분 속까지 흙이 잘 말랐다는 의미입니다. 바로 이때가 물 주기에 가장 좋은 순간입니다.

물은 언제 줘야 할까?

① 식물이 물이 필요한 상태인지 알려면 손가락으로 겉흙을 살짝 꼬집어 만져 보면 됩니다. 흙이 말라 있고 손에서 쉽게 부스러지면 물을 줘야 할 때입니다.

② 손으로 만져도 잘 모르겠다면 '토양습도계'를 활용해 보세요. 흙에 물이 얼마나 남아 있는지 눈금이나 색깔로 보여 주기 때문에 초보 베란다 농부에게 가장 추천하는 방법입니다.

③ 나무젓가락을 화분에 꽂아 30분 뒤에 뽑았을 때, 젓가락에 젖은 흙이 묻어 나오지 않으면 됩니다.

올바른 물 주기 방법

본격적으로 식물에게 물을 줄 때 우리가 꼭 기억해야 할 것은 '느긋하게'입니다. 화분에 물을 줄 때는 물 받침에 또르르 떨어질 때까지 주는 것이 좋습니다. 화분이 작다면 비교적 적은 양의 물로도 충분하고, 중형 이상의 화분이라면 제법 많은 양의 물을 줘야 받침에 물이 고일 것입니다.

가끔 물 받침에 물이 떨어질 때까지 물을 줘야 한다는 압박감에 물을 급하게 주는 경우가 있습니다. 초보 베란다 농부가 가장 많이 하는 실수입니다. 저 역시 집안일을 하면서 동시에 많은 화분을 돌봐야 하니 늘 시간에 쫓겼습니다. 자연스레 물을 빠르고 급하게 주게 되었지요.

하지만 물을 급하게 주면 빠른 물살 때문에 흙에 개미집이 나듯이 물길이 생깁니다. 이렇게 되면 화분에 물이 고르게 퍼지지 않고, 만들어진 물길로만 물이 새어 나가지요. 전체적으로 물이 흡수되기 전 물길을 타고 내려가 물 받침으로 모두 빠져나갑니다.

물을 줄 때는 드립 커피를 내리듯 느긋하고 천천히 줘야 합니다. 그렇게 해야 화분 전체에 담긴 흙에 골고루 물을 흡수시킬 수 있습니다. 정성과 시간이 드는 작업이어서 식물을 키우는 사람을 '식물 집사'로, 물을 주는 일을 '물시중을 든다'라고 표현하나 봅니다.

전용 주전자 사용하기

상황이 이렇다 보니 물을 주는 도구에 자연스레 눈길이 갑니다. 집에서

식물에 물을 줄 때 알아야 할 것들

① 물은 '느긋하게' 줘야 합니다. 물을 급하게 주면 빠른 물살 때문에 개미집이 나듯 물길이 생깁니다.

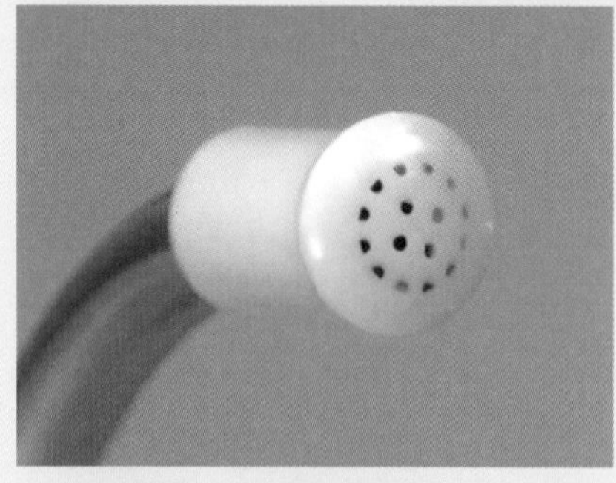

② 물이 나오는 입구에 아주 작은 구멍이 여러 개 뚫려 있는 물뿌리개를 사용해 주세요.

③ 소스통도 적절한 양의 물을 주기 좋은 도구가 됩니다.

④ 주전자는 주둥이가 얇고 긴 것을 추천합니다.

흔히 사용하는 주전자나 물통 혹은 그릇 등은 물 조절이 어렵습니다. 입구가 짧고 크면 물이 빠르고 세게 흘러나오기 때문입니다. 자연스레 물을 골고루 퍼뜨려 주기가 쉽지 않지요. 따라서 물을 주는 전용 물뿌리개를 갖추는 것이 좋습니다.

주전자는 비싸고 좋을 필요 없지만 올바른 형태여야 합니다. 화분용 물뿌리개를 구입할 때는 주둥이가 얇고 긴 것을 추천합니다. 얇은 주둥이는 물이 조금씩, 긴 주둥이는 물을 천천히 나오게 합니다. 드립커피 전용 주전자를 떠올려 보세요. 혹은 물이 나오는 입구에 미세한 구멍이 여러 개가 뚫려 있어서 가는 물줄기가 나오는 물뿌리개도 좋습니다. 물이 너무 강하게 나오지 않아야 물길을 만드는 것을 막을 수 있습니다.

가지고 있는 화분의 크기가 작다면 '소스통'을 활용하는 것도 좋은 방법입니다. 케첩 등의 소스를 담아 두는 소스통에 물을 넣어 사용하면, 작은 화분에도 적절한 양의 물을 줄 수 있습니다. 특히 내용물이 잘 보이는 투명한 소스통은 물이 얼마만큼 들어가고 남았는지 확인할 수 있어 편리합니다. 물이 많이 남아 있을 때는 통을 살짝 누르고, 적게 들어 있을 땐 좀 더 세게 누르는 등 손가락으로 압력을 조절해 가며 활용해 보세요. 이렇게 도구들을 활용하면 더 이상 물 주기가 어렵고 고된 작업만은 아닐 것입니다.

물 주는 시기

만약 식물이 많다거나, 많이 키울 계획이라면 물 주기는 시기를 맞추는 시간이 필요합니다. 어떤 화분은 물을 준 후에 사흘이면 흙이 마르지만, 어떤 화분은 열흘이 넘게 걸리기도 합니다. 흙이 마르는 시기가 제각각이라서 물 주는 시기가 다르면, 기억하기 힘들 뿐만 아니라 물 주는 일이 스트레스가 될 수 있습니다.

이럴 때에는 물 주는 날은 같되, 화분마다 물의 양을 조절하는 방법을 추천합니다. 빨리 마르는 화분에는 물을 충분히 준 후에 물 받침에도 물이 고여 있도록 물을 담아 둡니다. 반면 오랫동안 물을 머금고 있는 화분에는 물을 조금만 줘 물 주는 날을 같은 주기로 맞추는 방법이지요. 이렇게 하면 물 주는 과정이 덜 번거로워집니다.

초보 식물 집사 시절, 추운 겨울에 베란다에 있는 식물이 안타까워 뜨거운 물을 준 경험이 있습니다. 식물에게 뜨거운 물을 주면 뿌리가 익기 때문에 항상 상온의 물만 줘야 하는데, 그런 사실을 전혀 몰랐습니다. 그만큼 식물 물 주기에 대해 아는 것이 하나도 없었지만, 이제는 집에서 백여 가지가 넘는 식물들과 살아갈 정도로 식물과 친해졌습니다. 복잡하거나 어렵게 생각하지 말고 느긋한 마음을 갖고 하나씩 차근차근 하다 보면, 나의 삶과 맞닿은 화분이 하나씩 늘어갈 것입니다.

빛, 식물 에너지의 원천

아침이 오면 해가 뜨고 저녁이 되면 해가 집니다. 식물에게는 이러한 당연한 이치가 매우 큰 의미를 가집니다. 식물이 자라는 데 필수 요소 중 하나가 빛에 의한 광합성이기 때문입니다. 광합성은 식물이 성장하는 데 필요한 에너지를 만듭니다. 제아무리 물을 열심히 준다 한들 빛이 없다면 식물이 건강하게 살아가기란 쉽지 않습니다.

농사가 생업인 농부의 하루는 빠릅니다. 새벽 4~5시면 하루 일과를 시작하지요. KBS1 〈6시 내고향〉의 리포터였던 저는 촬영 날이 정말 고되게 느껴졌습니다. 왜 그분들의 하루는 이렇게나 빠를까 궁금하기도 했습니다. 그러나 연차가 쌓이면서 알게 된 사실이 있습니다. 한 가지는 뜨거운 오후가 되기 전에 물을 주어야 작물이 시원한 물을 머금을 수 있다는 점이고, 다른 한 가지는 충분히 촉촉해진 작물이 광합성을 잘 할 수 있도록 오롯이 햇살을 쬐게 하기 위함이라는 점입니다.

이렇듯 식물에게 빛은 중요합니다. 그렇다면 집 안에서 기르는 식물에게 어떻게 양질의 빛을 전달해 줄 수 있을까요?

최적의 햇살 장소는 어디일까?

그리스의 신 '헬리오스Helios'의 이름 앞 글자를 따와 만들어진 'Hell'은 독일어로 '빛나는'이라는 뜻을 가진 형용사입니다. 헬리오스는 태양신이고, 빛의 근원은 태양입니다. 식물에게 최고의 빛은 바로 햇빛이지요. 자연이 주는 선물인 빛은 그만큼 식물에게 가장 빛나는 에너지원입니다.

많은 식물 집사들이 식물을 키우기 좋은 최적의 장소로 창가를 꼽습니다. 집 안에서 햇볕이 가장 잘 드는 창가는 한정된 실내 공간에서 광합성을 가능하게 하는 최고의 공간이기 때문입니다.

만약 창문이 크고, 집 안 구석구석 햇빛이 골고루 퍼지는 남향 집이라면 창 바로 밑 공간으로 한정하지 않아도 좋습니다. 햇살을 가득 받을 수 있는 장소라면 식물을 어디에 두어도 좋습니다. 하지만 대부분은 창가만큼 충분한 빛이 들어오지 않습니다. 창문이 있어도 다양한 환경적 요소로 빛이 만족스럽게 들어오지 않는 경우도 있지요.

광합성의 대안

자연광이 만족스럽게 들어오지 않는 공간이더라도 미리 걱정할 필요 없습니다. '식물등'이라는 아주 효과적인 해결 방법이 있기 때문입니다. 아마 식물원이나 화원에 방문했을 때, 식물을 비추고 있는 전구를 본 경험이 있을 것입니다.

보통 자줏빛으로 빛나는 식물등은 식물에게 필요한 특정 파장의 빛을 쬐어 주어 햇빛을 대신해 광합성을 도와줍니다. 빛이 적은 공간에서도 식물을 건강하게 키울 수 있지요.

만약 자줏빛 색의 조명이 부담스럽더라도 걱정하지 마세요. 시중에는 다양한 종류의 식물등이 있습니다. 일반적인 전구와 같은 백색 식물등도 쉽게 찾을 수 있고, 집 안의 인테리어를 해치지 않고 가지고 있는 스탠드에 활용할 수 있는 다양한 크기와 소켓을 지닌 전구를 구하는 방법도 있습니다. 식물등을 활용해 원하는 곳에 식물을 배치해 보세요.

식물등을 사용할 때는 일정한 주기로 빛을 공급하는 것이 가장 중요합니다. 마치 아침에 해가 뜨고 저녁에 해가 지는 것처럼 말입니다. 자연의 리듬을 실내로 고스란히 옮겨와야 하지요. 식물이 규칙적인 환경에서 광합성을 할 수 있게 만들어야 잘 자랄 수 있습니다.

하지만 식물로부터 너무 멀리 있는 식물등은 도움이 되지 않습니다. 식물등마다 적혀 있는 W(와트)수를 확인하여 적정한 거리를 유지하는 것이 중요합니다. 또한 식물과 등이 너무 가까이 있으면 뜨거운 전구의 열에 잎이 화상을 입을 수도 있으니, 30~40센티미터 정도의 거리를 유지해 주세요.

초보 농부 시절, 제가 살던 집은 빛이 참 잘 들었습니다. 특히 통창이 나 있던 베란다는 아침부터 오후까지 빛이 충분히 들어와 빛의 부족함을 느끼지 못한 채 편하게 식물을 관리할 수 있었습니다. 하지만 이사한 새로운 집은 창이 두껍고, 앞에 고층 건물이 가리고 있어서 식물이 원하는 만큼의 빛이 들어오지 않았습니다. 그때 식물이 힘을 잃어 가는 모습을 보면서 빛의 소중함을 느꼈지요. 그 뒤로 다양한 식물등을 활용하며 큰 도움을 받았습니다.

이렇듯 식물을 키우고자 마음먹었다면 내가 가진 그 어떤 공간에서도 건강하게 식물을 키울 수 있습니다. 지레 겁먹을 필요 없습니다. 식물에게 필요한 것이 무엇인지만 정확히 파악한다면 식물과 함께하는 건강한 삶을 살 수 있습니다.

햇빛의 대안, 식물등 활용하기

① 자연광이 충분하지 않다면 식물등을 사용해 보세요. 다양한 색과 형태의 전구가 많습니다.

② 식물등은 일정한 주기로, 30~40센티미터 거리에서 빛을 제공해 주세요.

빛이 잘 들어오는 공간 활용하기

창문이 크고 집 안 구석구석 햇빛이 들어오는 집이라면
실내 어디라도 식물을 키울 수 있습니다.

바람, 식물이 숨 쉬는 길

실내에서 식물을 키우는 것은 달리 말하자면 바깥 환경을 실내로 옮겨 온다는 말과 같습니다. 식물은 기본적으로 자연에서 살아가기 때문에 실내는 적합한 환경이라고 보기 어렵습니다. 하지만 우리는 최대한 식물이 살기 좋은 환경을 실내에 만들어 주고자 노력할 수 있습니다. 앞서 설명한 필수 요소인 물과 빛을 해결했다면, 다음은 바람입니다.

실내에서 식물을 키울 때 가장 간과하기 쉬운 점이 바로 바람입니다. 예전에 식물을 좋아하는 친구가 집에 놀러온 적이 있습니다. 분명 물도 제때 주고, 빛도 잘 드는 곳에서 식물을 키우고 있는데 싱그러움을 잃어가는 느낌이 든다며 고민을 토로했습니다. 그때 "환기는 잘 시켜주고 있어?"라는 제 물음에 친구는 그렇지 않다고 답했습니다. 그렇습니다. 식물을 사랑하는 사람도 유독 바람에 대해서는 놓치는 경우가 많습니다.

'환기'가 자연의 순환을 돕는다

바깥의 풀과 나무들을 자세히 보면 가만히 멈춰 있는 경우는 거의 없습니다. 자연에서의 공기는 한 자리에 머무르지 않기 때문입니다. 물론 실내도 공기가 완전히 멈춰 있는 것은 아닙니다. 하지만 야외에 비하면 움직임이 적지요. 물을 주고 빛을 쬐어 주듯, 바람 역시 쐬어 주는 것이 중요합니다. 식물에게 바람은 단순히 시원함을 주는 요소를 넘어 습도를 조절하고, 잎과 흙을 말려 주며 숨 쉴 틈을 내어 줍니다.

저는 아침에 일어나면 온 집 안의 창문을 활짝 열어 환기를 시킵니다. 고여 있던 묵은 공기가 밖으로 빠져나가면서 신선한 공기가 들어옵니다. 사람도 좋은데 식물은 얼마나 상쾌할까요? 꽉 닫혀 있던 실내는 이산화탄소 농도가 높고, 산소량이 적기 때문에 환기는 필수입니다.

전문가들은 미세먼지가 심한 날일지라도 창문을 닫아 두는 것보다 짧게라도 환기를 시키는 것이 좋다고 주장합니다. 이러한 이유로 국가기후환경회의에서는 '하루 3번, 최소 10분 이상' 환기할 것을 권고합니다. 환기로 실내 공기의 질과 습도의 균형을 맞춰 주는 것만으로도 우리는 식물에게 바람이 흐르는 완벽한 환경을 조성할 수 있습니다.

바람의 대안, 서큘레이터

만약 장마철이나 너무 추운 겨울철 등 날씨가 여의치 않다면 공기 순환 장치나 서큘레이터를 활용하는 것도 방법입니다. 특히 정체되어 있는 실내 공기를 순환시켜 주는 훌륭한 기기이지요. 물론 환기를 하는 것처럼 외부 공기로 실내 공기를 확실히 밀어 내는 수준은 아니지만, 식물 주변의 공기를 순환시켜 준다거나 습기 가득한 흙과 잎을 말리는 데는 큰 도

식물에게 충분한 바람을 쐬어 주는 방법

① 미세먼지가 심한 날이라도 하루에 3번 이상,
최소 10분 이상 환기를 시켜주세요.

② 장마철이나 너무 추운
겨울철에는 공기 순환 장치나,
서큘레이터를 활용하세요.
식물에 직접 바람을 보내기
보단, 식물 주변 공간을
향하게 해 주세요.

움을 줍니다. 매일 환기를 시키는 집이라도 서큘레이터를 함께 사용한다면 효과는 더 좋습니다.

서큘레이터를 사용할 때는 바람이 식물에게 직접 향하지 않도록 주의해야 합니다. 식물은 잎과 줄기 그리고 뿌리를 통해 호흡합니다. 이를 '증산 작용'이라고 합니다. 그런데 서큘레이터의 바람이 식물에게 직접 온다면, 숨 쉬기가 힘들어 식물이 스트레스를 받습니다. 사람도 강한 바람이 코로 올 때 호흡이 어려운 것과 같지요. 서큘레이터의 올바른 사용법은 식물이 배치되어 있는 공간 주변으로 향하게 하는 것입니다.

만약 바람의 방향과 세기에 대한 감이 잘 오지 않는다면, 식물의 잎을 살펴보면 됩니다. 잎이 강하게 흔들리지 않고 아주 미세하게 살랑거리면 적당한 세기의 바람이라는 뜻입니다. 너무 강하게 흔들린다면 서큘레이터의 방향을 조절해 주시는 편이 좋습니다. 이것만 잘 기억한다면 식물을 건강하게 키울 수 있는 환경을 만들 수 있습니다.

2장

실내에서 식물을 키울 때 주의할 점

집 안에서 식물을 기르는 일은 분명 멋진 경험이라고 할 수 있습니다. 관상용 식물로 삭막했던 인테리어에 생기를 불어넣고, 집 안 분위기를 한층 더 밝고 화사하게 만들 수 있지요. 식물과 교감하며 가꾸는 과정에서 느끼는 안정감은 우리의 정신 건강에 긍정적인 영향을 미칩니다. 이와 함께 직접 키운 신선하고 건강한 채소를 가족과 함께 식탁에서 즐기는 것은 수확의 기쁨과 보람을 느끼게 해 주는 활동입니다.

그러나 모든 식물이 실내 환경에 잘 맞는 것은 아닙니다. 실내에서 식물을 기르는 과정에서 발생할 수 있는 해충 문제는 결코 간과할 수 없습니다. 실내 식물을 성공적으로 관리하기 위해서는 실내 환경에 적합하지 않은 식물들을 피하고, 해충 발생을 효과적으로 관리하는 방법을 알아두는 것이 중요합니다. 식물이 건강하게 성장하도록 도움을 주고, 실내 환경을 더욱 쾌적하게 유지하는 데에 큰 도움이 되니까요.

특히, 우리 가정의 안전을 고려하여 선택해야 할 식물들이 있습니다. 가족 구성원에는 어린이나 반려동물도 포함되지요. 이들에게 해가 될 수 있는 식물이 있는지 더욱 세심하게 확인해야 합니다.

아이와 반려동물에게 위험한 식물들

일부 식물은 인간, 특히 어린이에게 해로운 독성을 내포하고 있습니다. 아이들은 호기심으로 가득 차 있으며, 어른들이라면 쉽게 시도하지 않을 위험한 행동을 서슴지 않고 할 때가 있습니다. 이러한 아이들의 행동 특성 때문에 어떤 식물은 아이들에게 매우 위험하지요. 아이들의 안전을 최우선으로 고려하고 예방하는 것은 모든 부모와 보호자의 중요한 책임 중 하나입니다. 그렇다면 우리는 어떤 특성을 가진 식물을 아이들로부터 멀리해야 할까요?

아이들에게 위험한 독성을 가진 식물

모든 독성을 가진 식물들이 위험을 초래하는 것은 아니지만, 위험성을 잘 인지하지 못하는 아이들이 모르고 식물을 먹는다면 위험한 상황이 일어날 수 있습니다. 따라서 독성을 지닌 식물들은 어린이들의 손이 닿지 않는 곳에 두거나, 가급적이면 집 안에 들이지 않는 것이 좋습니다.

고무나무

예를 들어, 공기 정화 능력이 뛰어나고 키우기 쉬운 '고무나무'는 처음 식물을 키우기 시작하는 분들이 선택하는 식물 중 하나입니다. 고무나무는 다양한 종류가 있으며, 나무에서 나오는 고무 수액에는 독성이 포함되어 있어 피부에 접촉했을 때 발진을 일으킬 수 있습니다. 성인들은 장갑을 착용하는 등 안전하게 다룰 수 있지만, 어린이들은 맨손으로 만질 위험이 있으므로 아이들이 있는 가정에서는 고무나무를 키우는 것을 추천하지 않습니다. 특히 고무나무는 크기가 커 중형 이상의 화분에 심고 바닥에 두는 경우가 많은데, 이는 아이들의 손이 쉽게 닿을 수 있는 위치이므로 더욱 주의가 필요합니다.

철쭉

봄이 되면 화사한 연분홍빛 꽃을 피우는 철쭉은 매력적인 외관과 은은한 향으로 많은 사람들에게 사랑받는 식물입니다. 하지만 호기심 많은 어린이가 있는 가정에서는 철쭉을 키울 때 주의가 필요합니다. 철쭉에는 강한 독성이 포함되어 있어, 섭취할 경우 구토나 발작을 일으킬 수 있습니다. 또한 꽃가루에도 미량의 독성이 있기 때문에 피부에 닿거나 호흡기에 들어갔을 때 알러지 반응을 일으킬 수 있지요.

비록 알러지가 없는 경우에는 큰 문제가 되지는 않지만, 혹시 모를 사고를 막기 위해 철쭉 대신 독성이 없는 진달래를 키우는 것을 권장합니다. 진달래는 철쭉과 비슷한 아름다움을 지니고 있으면서도, 독성이 없어 화전으로 만들어 먹기도 합니다.

집에서 키울 때 주의해야 하는 식물 1

① 고무나무 수액에는 독성이 포함되어 있습니다. 아이의 손의 닿지 않도록 조심해 주세요.

② 꽃 안쪽에 검은 점이 있는 꽃이 철쭉입니다. 독성이 있는 철쭉 대신 진달래를 키우는 것을 추천합니다.

③ 장미처럼 가시가 있는 꽃은 위험합니다.
가시 제거기를 사용해 가시를 제거한 뒤
긴 화병에 꽂아두는 것도 방법입니다.

가시가 있는 식물

장미와 같이 가시가 있는 꽃을 집 안에 들이는 경우, 장미 가시 제거기를 사용하여 가시를 제거한 후 장식하는 것이 좋습니다. 가시가 외부로 드러나지 않도록 목이 좁고 긴 화병에 꽂아두는 것도 또 하나의 방법입니다.

공간이 협소하거나 식물 관리에 많은 시간을 할애하기 어려운 사람들은 종종 '다육 식물'을 선택합니다. 그중 선인장은 인기 있는 다육 식물 중 하나로, 거친 환경에서도 잘 자라 관리가 용이하며, 다양한 모양으로 많은 사랑을 받고 있습니다. 하지만 선인장은 자신을 보호하기 위한 목적으로 가시를 가지고 있습니다. 선인장의 가시는 독성은 없으나 피부에 박힐 수 있고, 얇은 가시의 경우 피부 내에서 부러지기 쉬워 제거가 어렵습니다. 더욱이 가시에 의한 상처는 패혈증을 일으킬 위험이 있기 때문에 아이들의 손이 닿지 않는 곳에 선인장을 두는 것이 좋겠지요.

반려동물에게 위험한 식물

반려동물을 키우는 가정에서 식물을 함께 기르는 경우가 있습니다. 특히, 고양이와 캣잎을 함께 키우는 것이 일종의 트렌드로 여겨질 정도로 흔합니다.

그러나 일부 식물은 인간에게는 무해할지라도 반려동물에게는 심각한 위험을 초래할 수 있습니다. 반려동물은 우리와 직접적인 의사소통이 되지 않아 건강상의 문제가 생긴다고 해도 그 원인을 파악하기가 어렵습니다. 따라서 반려동물이 식물로 인해 위험해지지 않도록, 어떤 식물이 반려동물에게 유해할 수 있는지 사전에 충분히 조사하는 것이 중요합니다.

구근 식물

따스한 봄바람이 불어오면 많은 이들이 집 안을 밝고 화사하게 만들어 줄 다양한 식물을 맞이합니다. 이때 인기를 끄는 것이 수선화, 튤립, 백합과 등의 '구근 식물'입니다. 구근 식물은 알뿌리가 달린 식물을 통틀어 말합니다. 구근 식물은 시원스레 자라는 아름다운 꽃의 자태와 향기로운 향기로 계절의 변화를 실내로 초대합니다. 덕분에 많은 식물 애호가들에게 사랑받고 있지요.

이러한 식물들이 인간에게는 해롭지 않지만, 반려동물에게는 매우 위험할 수 있습니다. 일부 구근 식물은 '알칼로이드'라는 독성을 함유하고 있습니다. 이 독성은 꽃뿐만 아니라 잎, 줄기, 심지어 구근 식물이 담겨 있던 물에도 남아 있을 수 있습니다. 반려동물이 조금만 섭취해도 구토나 설사를 일으키는 위험한 성분입니다.

은방울꽃과 디기탈리스

'강심배당체'를 포함하고 있는 식물 역시 반려동물에게는 큰 위협이 됩니다. 심장 질환 치료에 유용하게 쓰이는 강심배당체를 반려동물이 섭취할 경우 심장 박동을 비정상적으로 느리게 만들어 생명을 위협할 수 있기 때문입니다. 인간에게는 무해한 소량의 강심배당체라 할지라도, 몸집이 작은 반려동물에게는 치명적입니다.

집에서 키울 때 주의해야 하는 식물 2

튤립, 수선화, 백합 등 둥근 뿌리를 가지고 있는 구근 식물은 반려동물에게 매우 위험합니다. '알칼로이드'라는 독성을 포함하고 있기 때문입니다.

① 튤립의 뿌리

② 수선화

③ 백합

집에서 키울 때 주의해야 하는 식물 3

은방울꽃, 디기탈리스에 들어가 있는 '강심배당체'는 반려동물의 심장 박동을 비정상적으로 느리게 만듭니다.

① 은방울꽃

② 디기탈리스

강심배당체를 함유하고 있는 대표적인 식물로는 '은방울꽃'과 '디기탈리스'가 있습니다. 두 식물 모두 아름답기 때문에 집 안에 들이고자 하는 사람들이 있지만, 만약 반려동물이 있다면 피해야 합니다.

사고 야자

실내 식물로 관리가 비교적 쉽고 공기 정화 기능이 뛰어난 식물을 집 안에서 많이 키웁니다. 야자나무는 그런 면에서 아주 좋은 선택입니다. 다만 야자나무의 종류는 알려진 것만 2,000종이 넘을 정도로 다양합니다. 그중 '사고 야자'와 같이 독성을 지니고 있는 종류도 있습니다. 실제로 사고 야자 줄기를 먹고 죽은 반려동물이 있을 정도로 치사율이 높습니다.

소철

두껍고 거친 줄기 위로 가느다란 잎이 무성하게 자란 소철은 독특한 외모로 인기가 많은 식물입니다. 하지만 소철의 열매와 잎 등에서 발견되는 '사이카신'이라는 독성 성분은 반려동물에게 치명적입니다. 동물이 섭취하면 혼수나 죽음에 이르게 할 수 있는 물질이기 때문입니다.

스킨답서스

스킨답서스는 '악마의 덩굴'이라는 별명이 있을 만큼 생명력이 매우 강하기 때문에 어지간해서는 죽지 않는 식물입니다. 그래서 식물을 처음 접하는 분들에게 많이 추천하는 식물이기도 합니다. 관리만 편한 것이 아니라 풍성하게 자라는 초록 잎 덕분에 스킨답서스 하나만 있더라도 집 안에 분위기가 싱그럽게 변합니다. 하지만 스킨답서스 역시 반려동물이

집에서 키울 때 주의해야 하는 식물 4

① 소철은 '사이카신'이라는 독성을 함유해
반려동물이 섭취할 경우 혼수 상태에
빠지거나 심하면 죽음에 이를 수 있습니다.

② 스킨답서스의
'칼슘옥살레이트'는
반려동물의 신장
질환을 유발합니다.

③ 몬스테라의 '옥살산칼슘' 성분은
반려동물의 피부 질환을 일으킵니다.

있다면 주의가 필요합니다. '칼슘옥살레이트' 성분은 반려동물의 신장 질환을 유발할 수 있기 때문이지요.

몬스테라

마지막으로 식물 인테리어에 관심이 있는 사람이라면 꼭 키우는 '몬스테라'입니다. 몬스테라는 시원하게 뻗는 이파리 덕분에 에스닉한 분위기를 선호하는 사람들에게 인기 있는 식물입니다. 또한 키우기도 쉬워서 실내 식물을 키우고자 하는 사람들에게 항상 추천하는 식물입니다. 하지만 이 식물의 잎과 줄기에 포함된 '옥살산칼슘' 성분은 반려동물에게 피부 질환을 유발할 수 있습니다.

그 외 피하면 좋을 식물

식물 집사들 사이에서 덩굴 식물은 인기 있는 훌륭한 인테리어 소품입니다. 길게 늘어지며 자라는 덩굴은 밋밋한 벽에 포인트를 주거나, 거울 등의 소품 테두리를 둘러서 장식할 수 있습니다. 이는 공간에 생기를 더하며 집 안의 분위기를 바꿔 줍니다. 그러나 '아이비'와 같은 일부 덩굴 식물은 반려동물에게 주의가 필요합니다. 특히 '잉글리쉬 아이비'는 반려동물이 조금이라도 먹었을 때, 심각한 건강 문제를 일으킬 수 있습니다. 반려동물과 함께 산다면 스트레스 완화 효과가 있으면서 무해한 '시계꽃과 식물'을 추천합니다.

그 외에 다양한 색으로 화사한 꽃을 피워내는 '칼랑코에', 상징성 있는 외양에 관리가 편한 '알로에', 행운과 돈을 부른다고 알려져 개업 선물로 유명한 '제이드 플랜트' 역시 주의가 필요합니다. 모두 반려동물에게는 유해한 독성을 포함하고 있기 때문입니다.

집에서 먹을 수 있는 작물을 기르고 싶을 때 방울토마토를 많이 추천받을 것입니다. 방울토마토는 크기도 적당하고 관리하기도 쉬워 집에서 키우기 적합하며, 아이들과 함께 수확의 기쁨을 누려보고자 키우는 집도 많습니다. 그러나 토마토는 '솔라닌'이라는 독성 성분을 함유하고 있어 반려동물이 있는 가정에서는 주의가 필요합니다.

식물이 독성을 가지는 것은 본능적인 방어 기제의 일환입니다. 식물은 스스로 움직일 수 없기 때문에 독성을 통해 자신을 보호하지요. 따라서 새로운 식물을 집 안에 들일 때는, 특히 호기심 많은 아이나 반려동물이 있는 경우, 해당 식물이 안전한지를 사전에 충분히 조사하는 것이 중요합니다. 식물과 함께 생활하는 것은 우리에게 즐거움과 정서적 안정을 제공해 주지만, 가족 구성원 모두와의 조화를 고려해야 하니까요.

식물 관리 최대의 적, 병해충

사실 식물과 벌레는 떼려야 뗄 수 없는 관계입니다. 움직이지 못하는 식물 사이를 날아다니며 식물 사이의 메신저 역할을 해 주는 벌레가 없다면 식물은 건강하게 클 수 없을지도 모릅니다. 이러한 상호작용은 자연 생태계의 균형을 유지하는 데 중요한 역할을 합니다. 하지만 일부 벌레는 식물에게 해를 끼칩니다. 더 나아가 집 안 환경에도 영향을 미칩니다.

그 원인은 대체로 두 가지로 나눌 수 있는데, 하나는 곰팡이류 세균에 의한 병이고, 다른 하나는 식물의 생기를 해치는 해충입니다.

적절한 물 관리가 이루어지지 않아 식물이 과습 상태에 놓이면, 흙 속에서 '뿌리파리'가 알을 낳아 빠르게 번식합니다. 뿌리파리들이 집 안을 누비며 돌아다니는 모습을 보면 식물에 대한 애정이 금방 식을 수 있습니다. 세균에 의한 피해도 비슷한 영향을 줍니다. 병에 걸린 식물은 싱그러움을 잃고 시들해집니다. 이러한 식물은 집의 분위기를 침울하고 음산하게 만들기도 합니다.

그렇지만 병해충에 대해 지나치게 걱정할 필요는 없습니다. 실내에서 키우는 식물은 야외 식물에 비해 통제 가능한 환경에 놓여 있기 때문에, 식물을 돌보는 사람이 주의를 기울이면 대부분의 병해충을 예방할 수 있습니다.

병해충, 예방이 최우선이다

새로운 식물을 집 안에 들이기 전 선별 과정이 중요합니다. 병해충이 전파되는 주요 원인 중 하나는 외부에서 가져온 새 식물이 감염된 채로 집 안에 들어왔을 때입니다. 집 안에 있는 식물이 건강하다면 병해충이 갑자기 발생할 확률은 낮습니다.

야외에서 자라는 식물은 병해충에 노출되기 쉬운 환경에 놓여 있습니다. 물론 자연스러운 현상입니다. 이런 식물들은 기존의 환경에 적응해 평소에는 티가 나지 않다가, 식물이 자라기 취약한 실내 환경에 급작스레 들어오면 병해충이 발발하기도 합니다. 또한 기존에 가지고 있던 병을 주변 실내 식물에게 빠르게 전염시키기도 하지요.

따라서 새로운 식물을 들여올 때는 잎과 뿌리를 면밀히 검사하여 병해충에 감염된 것은 없는지 확인해야 합니다. 또한 외부에서 가져온 흙은 가능한 한 털어내고 깨끗한 새 흙으로 교체하여 분갈이 하는 것이 좋습니다.

앞서 설명한 '물, 빛, 바람'의 필수 요소를 올바르게 제공하는 것도 중요하겠지요. 특히 환기를 자주 시켜 주면 대부분의 병해충은 상당 부분 예방할 수 있습니다. 과습과 직사광선 등 필수 요소의 어떤 부분이라도 과도하지 않도록 조절해 주는 것 또한 병해충 예방에 큰 도움이 됩니다.

마지막으로 식물의 시든 잎과 가지는 바로바로 정리하는 것이 좋습니다. 잎과 가지는 오래되면 노화되고, 마르면서 시들어 갑니다. 이렇게 되면 뿌리에서 끌어올린 영양분이 싱싱한 잎으로 가는 것을 분산시킵니다. 또한 흙에 떨어진 낙엽이 오랫동안 방치되면 썩어가며 해충이 기승할

병해충을 예방하는 간단한 방법

① 외부에서 가져온 식물은 병해충이 있을 가능성이 있기 때문에 새 흙으로 교체하는 것이 좋습니다.

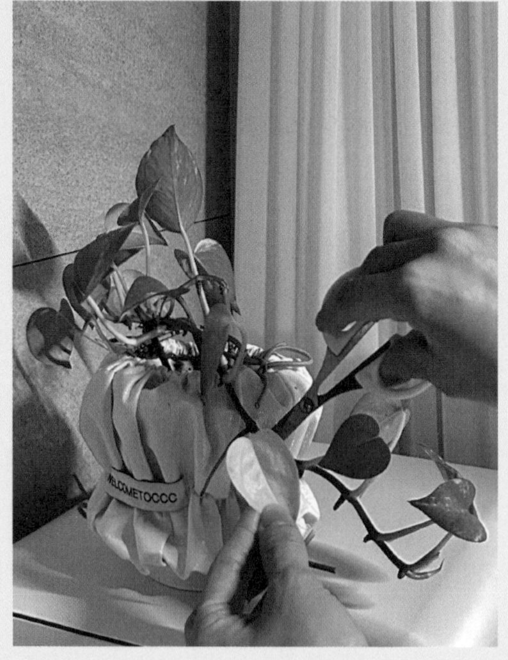

② 식물의 시든 잎과 가지는 바로 정리해 주세요. 흙에 떨어진 잎이 썩어가며 해충이 기승할 수 있습니다.

수 있습니다. 화분의 물 받침에 고인 물 역시 바로 비우고 정기적으로 청소하는 습관을 들인다면 해충 예방에 큰 도움이 됩니다

병해충을 100퍼센트 막을 수는 없다

병해충의 원인은 너무도 다양합니다. 건강하게 키우고자 환기를 자주 시켰는데 오히려 바람을 타고 실외에서 들어올 때도 있고, 구입한 흙이 이미 오염되어 있을 가능성도 있지요. 심지어 과습을 방지하고자 분갈이를 할 때 흙 배합에 넣어 둔 바크 때문에 해충이 생기기도 합니다. 하지만 병해충 발생을 과도하게 걱정할 필요는 없습니다. 대부분의 식물은 생명력이 매우 강해 적절한 관리만으로도 충분히 회복이 가능합니다.

병해충을 발견하면 가장 먼저 할 일은 해당 식물을 다른 식물들로부터 격리시키는 것입니다. 조금 늦게 발견했다면 주변 식물들도 함께 격리하는 것이 좋습니다. 식물에서 바로 병해충 증상이 보이지 않더라도 전염 가능성을 배제할 수 없기 때문입니다. 그 후에는 손상된 부위를 신속하게 제거하고 폐기해 주세요. 이는 병이나 해충이 더욱 확산되는 것을 방지하기 위함입니다.

병해충 관리 방법은 주로 두 가지로 나뉩니다. 첫 번째는 벌레가 발생했을 때 취하는 관리 방법이고, 두 번째는 곰팡이나 병원균에 의해 식물이 감염되었을 때의 관리 방법입니다. 각각의 경우에 따라 적절한 조치를 취해야 하며, 이는 식물을 건강하게 유지하고 병해충으로부터 회복시키는 데 중요한 역할을 합니다.

식물에 생긴 벌레, 방법이 없을까?

벌레가 생긴 식물은 어떻게 구별할 수 있을까요? 해충이 발생한 식물에는 해충의 흔적이 남습니다. 잎의 앞, 뒷면 혹은 줄기와 가지에 벌레가 눈으로 보이는 경우도 있고, 보이지 않더라도 이파리가 송송 구멍이 나거나 하얗게 색이 바래지며 낙엽이 지는 경우도 있습니다.

식물에 벌레가 퍼지면 영양분을 빼앗겨 식물이 서서히 죽어갑니다. 그 뒤로 곰팡이 균 감염 등 2차 피해를 일으켜 실내 환경에도 악영향을 끼치기 때문에 최대한 빠르게 대응하는 것이 중요합니다. 지금부터 해충이 생겼을 때 하면 좋은 방법을 소개하겠습니다.

물 샤워

해충이 발생했다면 가장 먼저 벌레를 식물에서 제거해야 합니다. 이를 위해 할 수 있는 기초적인 방법은 '물 샤워'입니다. 노지에서 세찬 비가 식물들의 잎을 씻어 주듯이 샤워기나 호스를 이용해서 잎과 줄기를 씻어 주는 과정입니다. 일반적으로 초기 단계에서는 이렇게만 하더라도 해충을 제거할 수 있습니다. 하지만 이미 어느 정도 번진 상태라면 많은 해충이 식물의 잎과 줄기에 단단히 몸을 고정하고 있기 때문에 물 샤워만으로는 대응이 어렵습니다. 이럴 땐 한층 더 강력하게 벌레를 식물에서 떼어 낼 필요가 있습니다.

응애 벌레의 경우 세제를 이용한 물샤워로 제거할 수 있습니다. 먼저 스프레이통에 주방에서 쉽게 볼 수 있는 세제를 2~3펌프를 담은 후 수돗물로 희석해 준비합니다. 화분의 흙은 세제에 오염되지 않도록 랩을 이용해 꼼꼼하게 밀봉해 줍니다. 희석된 세제를 섞은 물을 벌레가 번진 식물의 잎과 줄기에 골고루 살포합니다. 그리고 약 1시간 정도 기다립니다. 이렇게 하면 세제가 벌레의 기도를 막고 질식시킵니다.

그 후 샤워기를 이용하여 꼼꼼하게 씻어내면 벌레가 시원하게 떨어지지요. 이 방법을 사용하면 독한 살충제나 농약을 사용하지 않고도 효과적으로 관리할 수 있다는 장점이 있습니다. 다만 식용 작물을 키운다면 이 방법은 추천하지 않습니다.

나무젓가락

개각충과 같이 표면이 단단한 벌레는 잎이나 줄기에 강하게 밀착되어 있어 물샤워만으로 퇴치하기 어렵습니다. 핀셋 같은 도구를 이용해서 하나하나 벌레를 떼어 내야 합니다. 다만 이렇게 한다면 너무 많은 시간이 걸리겠지요. 이때는 나무젓가락과 접착 테이프를 사용할 것을 권합니다. 접착 면을 밖으로 향하게 하여 나무젓가락에 감고, 테이프의 접착력을 이용하여 빠르게 벌레를 떼어 낼 수 있습니다.

살충제 활용

만약 해충이 발생하고 초기에 관리를 실패해 피해가 심해졌다면 살충제를 사용할 차례입니다. 살충제는 범용적으로 쓰이는 살충제와 특정 해충에게 효과적인 살충제가 있습니다. 대체로 특정 해충을 겨냥하는 살충제가 효과가 더 좋습니다. 식물에게 발생한 해충이 어떤 것인지 정확하게 알고 있는 것이 중요하겠지요.

살충제를 사용할 때는 표기된 희석 용량으로 정확하게 계량하여 사

식물에 생긴 벌레를 떼어 내는 방법 1

① 노지에 빗물이 식물의 잎을 씻어 주듯이 샤워기나 호스를 이용해 잎과 줄기를 씻어 주세요.

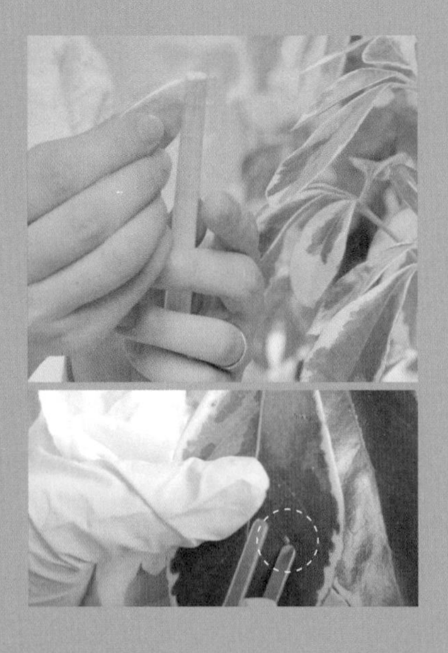

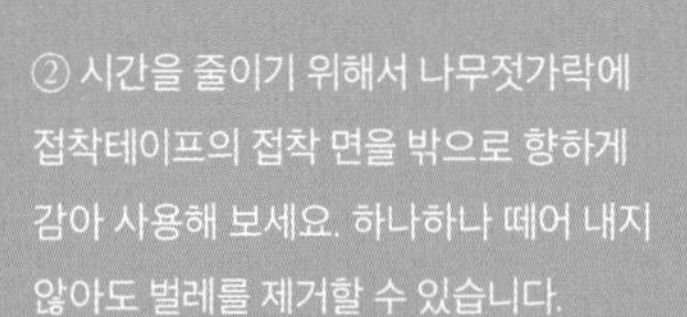

② 시간을 줄이기 위해서 나무젓가락에 접착테이프의 접착 면을 밖으로 향하게 감아 사용해 보세요. 하나하나 떼어 내지 않아도 벌레를 제거할 수 있습니다.

용해야 안전합니다. 또한 사용할 때는 마스크와 장갑 등을 착용하는 것이 좋습니다. 만약 독한 농약 등을 사용한다면 약제를 사용하기 전과 후에 꼭 환기를 시켜서 잔여물이 실내에 남지 않도록 주의를 기울여야 합니다.

살충제를 살포한 후 물을 준다거나 물샤워를 시키면 효과가 반감될 수 있습니다. 만약 물을 줘야 할 식물이 있다면 살충제를 살포하기 전 물을 충분히 준 후에 사용해 주세요. 물과 함께 희석해 사용하는 제품이라면 겉흙이 마를 때까지 기다렸다가 물을 줘야 하는 시기에 맞춰서 주는 것이 좋습니다. 과습한 식물은 더한 병을 가지고 올 수 있기 때문입니다. 또한 범용 살충제로 인체에 무해한 '님오일'과 같은 천연 제품을 주기적으로 식물에 도포하거나 발라 준다면, 해충 발생 전에 예방할 수 있습니다.

뿌리파리 트랩

날씨에 의하여 해충이 생기는 경우도 있습니다. 특히 장마철이나 습한 날씨가 지속되면 물을 줘야 할 시기가 지나더라도 습한 상태가 유지되지요. 이때 '뿌리파리'가 잘 생깁니다. 뿌리파리는 흙에 알을 낳고, 식물 뿌리에 피해를 입히는 해충입니다. 초파리처럼 날아다니면서 사람을 성가시게 만들기도 합니다. 살충제를 미리 살포하면 뿌리파리를 유충부터 박멸할 수 있습니다.

평소에는 간편하게 뿌리파리 트랩을 이용하는 것을 추천합니다. 뿌리파리 트랩은 대체로 노란색의 끈끈이 제품입니다. 이 트랩을 화분에 꽂아 주면 성충이 된 뿌리파리가 온 집 안을 돌아다니기 직전에 잡아 주지요. 평소 물 관리를 잘하더라도 날이 습해진다면 미리 트랩을 설치하

식물에 생긴 벌레를 떼어 내는 방법 2

① 해충이 심해졌다면 살충제를 사용할 차례입니다. 살충제마다 희석 용량이 다르니 꼭 확인한 뒤 사용하세요.

② 예방하는 차원에서 뿌리파리 트랩을 활용해 보세요. 뿌리파리가 집 안을 돌아다니기 전 끈끈이가 잡아 주기 때문입니다.

여 갑작스럽게 번지는 해충 피해를 막을 수 있습니다.

식물병이 발생했을 때

식물에 벌레가 없는데도 싱그러움이 사라진다면, 이는 균 감염으로 인한 병해일 가능성이 높습니다. 이런 상황에서 흔히 발견되는 것이 잎에 흰 가루가 낀 것처럼 보이는 '흰가루병'이나 잎이 마르고 갈색 반점이 생기는 '식물 탄저병' 등입니다. 이러한 식물병은 전염성이 강하기 때문에 발견되면 즉시 다른 식물로부터 격리하는 것이 중요하며, 살균제를 사용해 치료해야 합니다.

해충에 의한 문제와는 달리, 식물병은 주로 약물로 조절하고 관리해야 합니다. 이때는 '베노밀'이라는 살균제를 사용할 수 있습니다. 베노밀은 다양한 식물병에 효과적인 원예용 종합 살균제로, 침투성이 있어 치료 및 예방 모두에 우수한 효과를 보입니다. 비교적 독성이 적지만 농약이므로 사용 시 주의가 요구됩니다. 또한 '다이센엠'과 같은 비침투성 살균제는 식물 표면에 약제가 남아 실내로 약제가 날릴 위험이 있습니다. 마스크와 고무장갑을 착용하고, 사용 전후 환기는 필수이며, 약제가 튄 곳은 깨끗이 세척해야 합니다.

식물의 병해충 관리는 일회성으로 끝나지 않습니다. 이미 퍼져 버린 병해충을 제거하는 것뿐 아니라 재발을 위해 지속적으로 관리해야 합니다. 현재 키우고 있는 식물 중 '필로덴드론 낭가리텐스'는 하트 모양의 잎이 아주 크고 화려한 식물입니다. 이 친구를 들여오고 3년가량 응애 퇴

식물병이 생겼을 때 나타나는 증상

① 식물을 마르게 만드는 식물탄저병은 주로 열매와 잎, 줄기 등에서 황색에서 갈색, 검은색 점이 생기는 병입니다.

② 흰가루병은 곰팡이 질병으로, 식물의 잎과 줄기에 흰가루 형태의 반점이 생깁니다.

치를 하고 있지만 여전히 고생 중입니다. 애정하는 식물이기 때문에 꾸준히 잎을 닦고 관리해도 끊임없이 해충이 발생합니다. 가느다란 톱니바퀴 형태의 테두리가 매력적인 '아랄리아' 역시 돌아서면 생기는 깍지벌레 때문에 늘 한바탕 해충과의 전쟁을 치르고 있습니다. 그럼에도 식물은 죽지 않고 무럭무럭 자라고 있으며, 집 안의 싱그러움을 담당하는 중입니다.

식물의 잎과 줄기 등을 자주 들여다보면서 병해충이 생겼는지 확인하는 게 정말 중요합니다. 식물의 병해충 예방이 처음엔 어렵고 두려운 일일 수 있겠지만 관심을 갖고 관리만 잘 해 준다면 꾸준히 식물을 잘 기를 수 있습니다. 어떤 병해충이 우리의 식물을 괴롭히는지 정확히 파악하고 침착하게 대응한다면 함께 오래도록 함께할 수 있는 반려 식물로 자리 잡을 것입니다.

꾸준히 해 주면 좋은 식물 관리법

① 잎이 큰 식물이라면 시간을
정해 잎을 하나하나 닦아주세요.

② 칫솔로 줄기 부분을 살살 문질러 주면
깍지벌레를 제거하는 데 도움이 됩니다.

3장

플랜테리어,
공간에 맞는 식물 배치

플랜테리어는 '식물Plant'과 '인테리어Interior'의 합성어로, 공간을 식물로 장식한다는 의미를 갖고 있습니다. 이는 단순히 실내를 녹색으로 채우는 것을 넘어, 식물로 집 안의 분위기를 전환하고, 공간에 생명력을 불어넣는 예술적 접근 방식을 의미합니다.

도심 속 아파트와 같은 제한된 공간에서 생활하다 보면 자연과의 연결고리를 잃어버린 듯한 느낌을 받곤 합니다. 이럴 때 플랜테리어는 집 안에서 자연을 느끼고, 일상 속에서 휴식과 평온을 찾는 방법으로 주목받고 있습니다.

그러나 모든 공간이 같은 조건을 가지고 있는 것은 아니며, 각기 다른 환경과 구조적 제약을 가진 공간에 식물을 배치하는 것은 어느 정도 미적 감각과 센스가 필요합니다. 특히 우리가 생활하는 공간은 크기와 형태가 매우 다양합니다. 넓은 마당이 있는 단독 주택부터 옥상이 있는 주택 그리고 일정한 규격으로 설계된 아파트에 이르기까지 다양한 주거 형태가 존재합니다. 또한 아파트에서도 베란다가 있는 설계부터 추가적인 실내 공간 확보를 위해 베란다를 확장한 구조까지 다양하지요.

이처럼 각기 다른 집의 특성과 환경을 고려하여 식물을 배치하는 일은 단순하지만은 않습니다. 실내 공간을 몇 가지 유형으로 나누어 각 공간의 크기와 특성에 맞게 식물을 선택하고 배치하는 방법을 안다면 더 멋진 인테리어가 가능하겠지요. 또한 비좁은 공간에 식물을 어떻게 효과적으로 배치하고 관리하는지 배워 두면, 예상보다 쉽게 식물과 함께하는 싱그러운 공간을 만들 수 있을 것입니다.

식물을 키우기 가장 적합한 공간

우리가 생활하는 곳을 크게 실외와 실내의 특성을 가진 공간으로 나누어 볼 필요가 있습니다. 실외의 특성을 가진 공간이란 물, 빛, 바람과 같은 자연 요소를 자연스럽게 받을 수 있는 곳을 말합니다. 집 안에 있는 공간은 대부분 실내의 특징을 가지고 있지만 테라스, 발코니, 베란다는 실외의 특성을 가지고 있는 공간입니다.

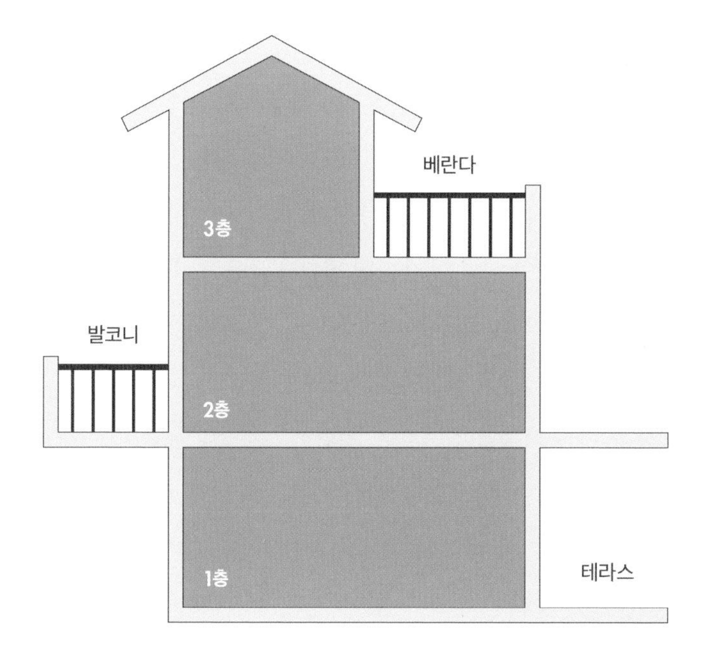

테라스는 대체로 1층에 구성되어 실내와 이어진 야외 공간을 의미합니다. 단독주택이 많은 해외에서 주로 볼 수 있는 구조로, 층수가 많은 우리나라 아파트에서는 보기 힘든 구조입니다.

우리가 조금 더 익숙하게 접할 수 있는 공간은 발코니와 베란다입니다. 발코니는 건물 외벽에 튀어나온 부분을 부르는 단어입니다. 아파트에서 우리가 베란다라고 부르는 공간은 사실 발코니인 거죠. 베란다는 아래층이 위층보다 넓어 아래층의 지붕을 활용하는 공간을 의미하는데, 아래층의 지붕 위가 위층의 베란다가 되는 셈이죠. 우리나라는 세 공간을 구분하지 않고 대체로 모두 '베란다'로 부르고 있습니다.

농작물을 키우기 가장 좋은 곳, 베란다

본래 의미에서 베란다는 식물을 키우기 가장 적합한 장소입니다. 실외의 특성을 고스란히 가지고 있는 공간으로 천장이 없어 빛이 잘 들고, 자연의 바람을 쉽게 공급할 수 있습니다. 비가 자주 오는 날씨라면 따로 물을 줄 필요가 없고, 만약 비가 안 온다면 집에서 물을 가져와 공급할 수 있습니다. 화분을 가져와서 식물을 배치해도 좋고, 베란다 한쪽을 화단이나 텃밭처럼 구성해 식물을 심을 수도 있습니다.

베란다는 농작물을 심기 아주 적합한 장소입니다. 빛이 많이 필요한 작물을 기를 때 자연광을 많이 받을 수 있는 장소가 베란다이기 때문입니다. 특히 열매채소의 경우 완전한 실내에서 기른다면 인공 수정을 위해 붓질을 하는 등 사람의 손길이 필요하지만, 베란다에서 기를 경우 바람이나 벌레 의 도움을 받아 수정이 되기 때문에 신경을 덜 쓸 수 있습니다.

베란다에서 식물을 기를 때는 과습을 조심해야 합니다. 비가 많이 오는 날에는 흙이 마르기 전에 계속해서 물이 공급되기 때문에 뿌리가 무르거나 썩을 수 있습니다. 식물을 화분에 심었다면 장마철에는 화분을 실내로 들여와 비를 잠시 피하게 하고, 만약 화단이나 작은 텃밭을 구성했다면 노지처럼 흙이 아래로 깊게 있는 것이 아니므로 배수 공사를 확실히 해야 하지요. 흙에 스며든 물이 아래로 잘 빠질 수 있도록 해야 과습을 방지할 수 있습니다.

겨울철에는 월동이 가능한 다년생 식물이 아니라면 한국의 겨울 날씨를 버티기 힘듭니다. 식물을 실내로 들여오면 바질과 같은 한해살이 식물도 다년생 식물처럼 키울 수 있으니 참고하시면 좋을 것 같습니다. 식물을 실내로 들여오기 어렵다면 미니 비닐하우스 등을 설치하여 월동 준비를 하는 것도 방법입니다. 다만, 블루베리와 같은 일부 식물의 경우 월동을 마쳐야 다음 해에 예쁜 열매나 꽃을 맺는 경우도 있으니, 이럴 때는 베란다에 식물을 내놓는 게 좋은 선택이겠지요.

모든 식물을 키울 수 있는 발코니

발코니는 외부가 창으로 덮여 있어서 실내처럼 보이지만 여전히 실외의 특성을 간직하고 있는 공간입니다. 우선 확장하지 않은 발코니는 대부분 단열 시공이 되어 있지 않습니다. 발코니 자체가 실내와 실외의 완충 공간으로서 작용하고 있기 때문입니다. 그래서 온도나 습도가 실내의 특성보다는 야외의 특성을 따라갑니다. 보통 실내는 건조한 경우가 많지만, 발코니의 습도는 식물에게 적합한 경우가 많습니다.

그리고 한국의 발코니는 대부분 빨래를 말리기 위한 장소로 사용되기 때문에 해가 아주 잘 드는 장소에 위치합니다. 외부 창문을 활짝 열어 둔다면 신선한 공기와 바람이 잘 공급되는 장소이지요. 발코니는 아파트에서 식물을 키우기에 최적의 장소입니다.

발코니에 놓는 식물의 제약은 없습니다. 화분이나 플랜트 박스를 가져다 두어도 좋고, 공간이 허락한다면 작은 텃밭을 시공하는 집도 있습니다. 기본적으로 외부와 창으로 막혀 있어 비가 들어오지 않기 때문에 습도 관리만 유의해 준다면 과습에 의한 피해도 완전한 실내 공간에 비해 상대적으로 적습니다.

저의 처음 신혼집은 폭이 2미터가 넘는 광폭 발코니를 가진 아파트였습니다. 그래서 다양한 화분을 키울 수 있었습니다. 대부분의 식물은 실내에 있을 때보다 발코니에서 더 건강하게 자라는 모습을 보여 줬습니다. 아무래도 실내보다 쬘 수 있는 빛의 양이 다르고 습도가 더 잘 맞았기 때문이라고 생각합니다.

나중에 이사를 위해 집을 보러 다닐 때 커다란 발코니를 가진 집을 볼 기회가 있었습니다. 그 집은 발코니에 타일을 이용해서 예쁜 텃밭을 시공해 두었는데, 이렇게 하면 식물을 키울 때 훨씬 좋을 것 같다는 생각이 들었습니다. 아쉽게도 그 집으로 들어가지는 못했지만, 지금도 가끔 그 집에 살았다면 어땠을까 하는 생각이 들곤 합니다.

발코니에서 식물을 키울 때도 주의해야 할 점이 몇 가지 있습니다. 우선 발코니가 실내와 실외의 경계에 있는 공간이기 때문에 발생하는 문제로, 겨울철 베란다 결로 현상을 주의해야 합니다.

발코니는 완전한 실외가 아니기 때문에 실내의 따뜻한 공기와 실외의 찬 공기가 만나는 공간입니다. 식물을 발코니에서 키우면 흙이 습기를 머금고 있어 공간의 습도가 올라갑니다. 이런 상황에서 온도차가 있으면 쉽게 결로가 생기겠지요. 결로는 벽에 곰팡이가 피기 쉬운 환경을 만드니 미리미리 예방하는 습관을 기르는 것이 좋습니다. 조금 더 자주 환기를 시키고 습도를 낮게 유지하는 것이 중요합니다.

또한 완전 밖보다는 따뜻하지만 여전히 실내보다는 온도가 낮으므로 금전수, 아레카야자, 산세베리아, 알로카시아 등 겨울을 날 수 없는 식물은 월동 준비를 할 때 실내로 옮겨두는 것이 좋습니다. 발코니 온도가 영하로 떨어지는 경우는 거의 없지만 한겨울에는 5도 안팎으로 여전히 매우 춥다는 사실을 기억해야 합니다.

마지막으로 발코니는 보통 집의 가장 바깥쪽에 위치해 햇빛을 받기 최적의 위치에 설계되는 경우가 많지만, 건물의 위치에 따라서 충분한 햇빛이 들어오지 않을 수도 있습니다. 발코니 천장이 막혀 있고, 외부 창의 크기가 작거나 앞의 건물이 높아 집 안으로 해가 잘 들어오지 않는 경우도 있습니다. 이럴 때는 식물등을 활용해 추가로 빛을 보충해 줄 것을 추천합니다.

실내의 어딘가

최근 아파트 발코니를 확장해서 실내 공간으로 사용하는 집이 많습니다. 발코니가 있더라도 식물을 충분히 놓을 정도로 공간이 크지 않은 경우가 많거나, 발코니를 다른 목적으로 사용하기 위해 비워 두는 경우도 있습니다. 이런 상황에서 식물을 돌보고 싶다면 식물을 실내에 들여오면 됩니다.

완전한 실내는 실외나 발코니에 비해 식물에게 부족한 점이 많은 공간입니다. 하지만 야외가 갖지 못하는 장점을 가지고 있지요. 바로 온도와 습도를 일정하게 유지할 수 있다는 점입니다. 집 안은 사방이 벽으로 막혀 있고 사람이 실제로 살아가는 공간이니 외부의 환경에 크게 영향을 받지 않습니다. 너무 덥거나 춥지 않고 습도도 밖에 비해 훨씬 안정적입니다. 이런 장점을 바탕으로 '한해살이'풀을 '여러해살이'풀처럼 키울 수 있다거나 따뜻한 지역에서만 자라는 식물을 안정적으로 돌볼 수 있습니다.

실내에서 식물을 안정적으로 기르기 위해선 무엇이 필요할까요? 1장에서 설명한 물, 빛, 바람을 안정적으로 공급해 주는 것입니다. 그런 이유에서인지 많은 분들이 실내에서 식물을 키울 때 거실 창가 쪽에만 식물을 배치하곤 합니다. 아무래도 빛이 가장 잘 들어오는 장소라 그렇겠지요.

물론 좋은 방법이지만 단순히 거실 창가로만 제한하지 않고 집 안 전체에 식물을 두어 볼 것을 제안합니다. 집 안에는 식물이 인테리어 소품으로 활약할 수 있는 공간이 많습니다. 책상 위에 테이블 야자를 두거나 텔레비전 옆 빈 공간을 덩굴 식물로 꾸미는 등 활용은 무궁무진합니다.

집의 구조나 가구의 배치에 따라 둘 수 있는 식물이 다를 수는 있지만, 이런 공간을 찾아 식물을 하나씩 배치해 보는 것도 식물 키우기의 즐거움입니다. 그리고 이렇게 공간 사이사이에 배치한 식물들은 집 안의 분위기를 한층 싱그럽게 만들어 주지요. 눈에 잘 보이니 이상이 생기면 발견하기 쉽고 관리하기도 용이해집니다.

식물을 두면 안 되는 곳

대부분의 실내 공간은 식물을 놓기에 문제가 없지만, 절대 피해야 하는 공간도 있습니다. 바로 '빛이 하나도 들지 않는 공간'입니다. 화장실은 개인적인 공간이다 보니 창문이 하나도 없고 등을 켜지 않으면 빛이 아예 들어오지 않는 경우가 많습니다. 이런 공간에 식물을 두는 것은 피해야겠지요.

또한 집의 창고나 팬트리 같은 구석에 위치해서 바깥과 연결되지 않고 빛이 들어오지 않으며 공기가 순환하기 힘든 곳은 피하는 게 좋습니다. 아무리 관리가 쉬운 식물이라도 최소한의 자원 공급 없이는 살아가기 힘들다는 점을 이해해 주세요.

이렇듯 특정한 장소만 피한다면 실내는 그 어느 곳보다 식물을 키우기 좋은 곳입니다. 상상력을 충분히 발휘해서 식물을 배치해 보세요.

넓은 공간, 좁은 공간 활용하기

각 공간의 크기와 형태에 따라 그 안에 들어서는 식물의 종류와 배치는 크게 달라질 수 있습니다. 또한 이미 가구가 들어찬 공간이라면, 식물을 어디에 어떻게 둘지는 가구의 배치와 방향에 따라 달라집니다. 모든 상황에 똑같이 적용할 수 있는 하나의 방법을 찾기보다는 공간을 넓은 곳과 좁은 곳으로 나누어 각각에 맞는 효율적인 사용 방법을 고민하는 것이 더 좋습니다.

넓은 공간에서는 식물이 공간을 구분하거나 특정 부분을 강조하는 역할을 할 수 있습니다. 큼직한 식물을 배치하여 공간에 생기를 불어넣거나, 작은 식물을 여러 개 조합하여 테마를 만들어 낼 수 있지요. 반면, 좁은 공간에서는 식물의 선택과 배치에 신중해야 합니다. 공간을 활용하는 동시에 공간을 더 넓어 보이게 하는 효과를 내기 위해 식물의 크기, 형태, 위치 등을 고려해야 합니다. 또한 두 공간 모두 단순히 미적인 효과뿐 아니라 식물을 관리하기에도 부담이 없도록 배치되어야 합니다.

지금부터 공간의 크기에 따른 식물 배치 방법의 차이점을 탐구하고, 각 공간에 어울리는 식물 배치 전략을 소개하고자 합니다. 넓은 공간에서는 어떻게 식물을 활용하여 공간의 다양성을 표현할 수 있는지, 좁은 공간에서는 어떻게 식물을 통해 공간을 최대한 활용하고 확장시킬 수 있는지를 논의하고, 식물을 활용한 공간 꾸미기의 새로운 아이디어를 제시해 보겠습니다.

넓은 공간 활용하기

넓은 베란다가 있었지만 실내 공간이 좁았던 집은 중형 식물을 배치하면 지나다니기 참 불편했습니다. 다음으로 이사한 집은 베란다는 작지만 넓은 거실이 있어 아랄리아 대품, 아레카 야자 등 크기가 크고 잎이 시원스레 넓게 퍼지는 식물들도 마음껏 들여올 수 있었습니다. 넓은 거실은 활용할 수 있는 공간이 상대적으로 넉넉해서 큰 식물들을 곳곳에 배치하는 게 자유로웠습니다.

이처럼 넓은 공간에서는 식물을 배치할 때 과감한 시도가 가능합니다. 넓은 공간 덕분에 다양한 크기와 형태의 식물을 배치해도 공간이 과하게 느껴지지 않으며, 오히려 공간에 생기와 포인트를 더할 수 있습니다.

특히 크기가 큰 식물들은 집의 분위기를 확실하게 바꿔줄 뿐만 아니라 공간을 분리해 주는 파티션 효과도 있습니다. 거실 등의 넓은 공간 한쪽 면에 중형 이상의 아레카 야자나 여인초, 고무나무와 같은 식물을 배치해 보세요. 다른 가구나 소품을 들이지 않고도 분위기가 살고 공간을 안정적으로 분리하여 깔끔한 효과를 낼 수 있지요.

또한 큰 식물과 다양한 높이의 식물들을 적절히 배치함으로써, 공간이 더욱 풍성하고 싱그러운 환경으로 변모합니다. 넓은 공간은 때때로 너무 평면적이고 단조로워 보일 수 있는데, 이때 식물의 부피감이나 높이

식물로 넓은 공간 꾸미기

넓은 공간에서는 식물이 공간을 구분하는
파티션 역할을 해 주기도 합니다.

를 다양하게 조절하여 배치하면 공간에 입체감이 생겨 한결 풍성해지는 효과를 누릴 수 있습니다.

넓은 공간에서 주의해야 할 점

공간이 넓다고 너무 많은 식물을 빼곡하게 채워 두는 것은 좋지 않습니다. 식물을 너무 밀집시켜 배치하면 식물 관리가 어려워집니다. 특히 식물 간의 거리가 너무 좁아 잎이 제대로 성장하지 못하며, 광합성에 필요한 빛을 충분히 받지 못할 수 있습니다. 또한 식물들 사이의 통풍이 원활하지 않아 병해충이 생기는 등의 문제가 생기지요. 따라서 공간의 크기와 사람이 다닐 수 있는 동선을 잘 고려하여 식물을 배치해야 합니다.

식물은 어떻게 두는 것이 좋을까요? 화분의 겉흙이 보이는 윗면의 높이가 시야보다 높지 않아야 합니다. 이는 화분의 흙 상태를 쉽게 확인하고, 잎이나 가지를 적절히 돌보기 위함입니다. 만약 식물이 눈에 잘 띄지 않는 위치에 있다면, 문제가 발생했을 때 즉시 대응하기 어렵고, 결과적으로 식물을 건강하게 관리하기 어렵습니다. 따라서 적절한 가지치기로 식물의 키를 조절하거나, 식물을 조금 낮은 위치에 두는 것이 좋습니다.

식물을 너무 낮은 곳에 두는 것도 피해야 합니다. 바닥에 화분을 두면 물을 주거나 식물을 관리할 때마다 매번 쭈그려 앉아야 하는 불편함이 있습니다. 이는 식물을 돌볼 때마다 손목이나 허리에 무리가 갈 수 있으므로, 가급적 선반 등을 활용하여 바닥에서 적당한 높이에 화분을 두는 것을 추천합니다.

선반 활용하기

각 식물이 눈에 잘 보이는 게 가장 중요합니다.
바닥보다는 선반 위에 둬 흙을 볼 수 있게
해 주세요.

좁은 공간 활용하기

자연을 느끼기 어려운 삭막한 공간일수록 풀 한 포기가 주는 효과는 생각보다 큽니다. 실내에 작은 화분 하나를 두는 것만으로도 자연의 싱그러움을 느낄 수 있지요. 사무실 책상과 선반, 심지어 욕실의 한쪽에도 가능합니다. 또한 시간이 부족하거나 식물 관리에 자신이 없는 사람들도 쉽게 도전할 수 있습니다. 하지만 공간이 너무나 제한적이라면 식물을 기르는 것 자체가 도전일 수 있습니다. 이럴 경우에는 조금 창의적으로 접근해 보세요.

예를 들어, 야자류 중에서도 테이블 야자는 크기가 작아 테이블 위나 작은 공간에 잘 어울리며, 선인장이나 다육 식물 같은 소형 식물들은 공간을 많이 차지하지 않으면서도 그 존재감을 확실히 드러냅니다. 이러한 식물들은 관리가 비교적 쉽고, 물을 많이 필요로 하지 않아 바쁜 일상 속에서도 식물을 돌보는 데 큰 부담이 되지 않습니다.

좁은 공간에서 주의해야 할 점

만약 좁은 공간에서도 다양하게 많은 식물을 키우고 싶다면 수직 공간을 활용할 것을 추천합니다. 선반, 파티션, 천장에 걸이를 추가함으로써 바닥 공간을 절약하면서도 식물을 다양하게 배치할 수 있습니다. 이러한 방법은 좁은 공간에 깊이와 차원을 더해 주며, 좁은 공간을 풍성하고 생동감 넘치는 공간으로 변모시킵니다. 특히, 행잉 식물은 공간 활용뿐만 아니라 실내에 미적 요소를 추가하는 데에도 탁월합니다.

다만, 수직 배치에서는 식물 관리에 따른 배치가 중요합니다. 눈에 잘 띄는 위치, 즉 시야에 잘 들어오는 공간에는 관리가 상대적으로 더 자주 필요하거나 외형이 아름다운 식물을 배치하는 것이 좋습니다.

예를 들어 물을 자주 줘야 하는 식물이나, 수확해야 하는 작물 또는 잎과 가지를 자주 확인해야 하는 식물 등이 있습니다. 또한 아름다운 꽃을 피우는 식물이나, 잎사귀의 색이 화려한 식물도 이 범주에 속할 수 있습니다. 이러한 배치는 실내 공간을 더욱 생동감있게 만들어 줍니다.

반면, 시야에서 벗어난 상대적으로 높은 위치에는 관리가 덜 필요한 식물을 배치해 보세요. 이러한 공간에는 물을 적게 줘도 잘 자라는 식물이 적합합니다. 예를 들어 착생 식물이나 다육 식물 등 물을 자주 주지 않아도 되고, 별도의 관리 없이도 잘 자랄 수 있는 식물이 이 범주에 속합니다. 이러한 식물들은 높은 곳에 배치하더라도 큰 어려움 없이 잘 자랍니다.

식물로 좁은 공간 꾸미기

① 좁은 공간도 선반을 활용한다면 많은 식물을 키울 수 있습니다. 다만 식물 사이의 거리가 너무 가깝지 않도록 조심해 주세요.

② 바닥을 사용하지 않고도 실내 분위기를 생기 있게 만들어 주는 '행잉 식물'을 추천합니다.

CITRUS
PAPIERS DECOUPES

4장

식물 재배 방법

집 안에 식물을 들이기로 마음먹었다면, 어떤 방식으로 식물을 키울지 생각해 볼 필요가 있습니다. 식물 재배는 키우는 방식에 따라서 크게 두 가지로 나눌 수 있습니다. 자연에서 자라는 것과 비슷하게 흙에서 식물을 키우는 '토경 재배'와 물에 뿌리를 담가서 키우는 '수경 재배'입니다.

우리가 흔히 볼 수 있는 토경 재배는 집 안에서 식물을 키울 때 화분 같은 용기에 흙을 담아 그 안에 식물을 심어서 키웁니다. 가장 자연스럽게 식물을 키울 수 있는 방식이지요. 우리가 밖에 나가서 볼 수 있는 식물은 거의 모두 흙에 뿌리를 내리고 자라고 있습니다. 토경 재배는 이러한 자연환경을 실내로 모방해 옮겨와 식물을 키우는 방식이기 때문에 아주 작은 다육 식물부터 중형 이상의 큰 나무까지 집 안에서 키울 수 있습니다.

수경 재배는 말 그대로 흙 대신 물에서 식물을 키웁니다. 여러 가지 이유로 집 안에 흙을 두는 것이 조금 꺼려질 경우에 선택하면 좋은 방식입니다. 수경 재배는 공간을 적게 차지하며 실내에서도 간편하게 관리할 수 있어서, 흙 없이 식물을 키우고 싶은 사람들에게 추천하는 방식입니다.

가장 큰 장점은 흙을 사용하지 않기 때문에 더 깨끗하고, 공간을 효율적으로 사용할 수 있다는 것입니다. 또한 식물의 뿌리가 자라는 과정을 직접 관찰할 수 있어 식물에 대한 이해를 높이고 식물을 키우는 즐거움을 배가시킬 수 있습니다.

토경 재배와 분갈이

토경 재배는 자연에서 식물이 자라는 방식을 그대로 모방해 실내로 옮겨온 것이기 때문에 키우는 식물군에 제한이 없습니다. 수경 재배로 키우기 힘든 대형 식물이나 뿌리채소도 토경 재배를 한다면 실내에서 키울 수 있습니다. 또한 식물이 성장에 필요한 영양을 흙에서 흡수하기 때문에 자주 영양 관리를 하지 않아도 되니 관리가 편한 측면도 있습니다.

토경 재배에서 주의할 점

토경 재배 방식으로 식물을 키우면 아무래도 집 안에 흙먼지가 날릴 수 있습니다. 흙이 마르면 가벼운 바람에도 쉽게 날려 화분 주변에 자잘하게 흙먼지가 남아 있는 경우가 많습니다. 또 힘 조절에 실패해 물을 강하게 주면 흙이 패이면서 화분 밖으로 튈 때도 있지요. 이럴 때는 분갈이 후에 장식돌을 위에 깔아 주면 많이 해결됩니다. 하지만 완벽하지 않은 방법이므로 유의하는 편이 좋습니다.

흙은 공기와 수분 그리고 영양분을 함유하고 있기 때문에 벌레들이 살기 좋은 환경이라는 점도 유의해야 합니다. 대부분의 해충은 토양을 통해 식물로 이동하거나 식물의 잔해를 통해 번식하는데, 화분의 흙은 해충을 옮기기에 최적의 조건입니다.

분갈이를 할 때는 꼭 시판되는 소독된 흙을 사용하셔야 합니다. 혹시라도 야외에서 흙을 퍼서 분갈이에 사용하면 야외에 있는 벌레 유충을 그대로 집 안에 들이는 꼴이 됩니다. 마찬가지로 분갈이 후에 나온 흙은 자연에 그냥 버리면 안 되고 일반쓰레기로 취급하여 종량제 봉투에 담아서 처리해야 합니다.

마지막으로 유의해야 할 점은 흙의 영양소는 무한하지 않다는 점입니다. 토경 재배는 식물이 흙에서 필요한 영양분을 흡수하는 방식이기 때문에 흙의 영양이 사라지면 영양제를 통해 보충하거나, 분갈이를 통해서 새 흙으로 바꾸는 과정이 필요합니다.

분갈이의 필요성

분갈이를 하는 이유는 다양합니다. 식물을 심어 둔 흙의 영양분이 다하거나 산성화되면 새 흙으로 갈아 주기 위함이지요.

혹은 식물이 잘 자라서 현재 화분의 크기에 비해 너무 커져 뿌리가 더 이상 뻗기 어려울 정도로 가득 찬 경우에도 더 큰 화분으로 옮겨 주는 작업이 필요합니다. 아니면 화원에서 식물을 구입해 오거나 베란다에서 키웠던 화분을 실내로 들여오는 등 식물이 기존에 자랐던 환경과 완전히 다른 환경에서 자라야 할 때 분갈이가 필요하지요. 식물이 새로운 환경에 적응하는 데 도움이 되기 때문입니다. 식물이 건강하게 성장해 가정의 일원이 되기 위해서는 적절한 시기에 적절한 방법의 분갈이가 필수입니다.

분갈이 과정 첫 번째, 화분 선택

분갈이를 할 때 가장 처음 고려해야 하는 것은 화분입니다. 다양한 화분이 있지만, 대표적으로 많이 사용하는 화분은 흙으로 만든 '토분'과 '플라스틱 화분'입니다. 두 화분은 각각 장단점이 있습니다.

먼저 플라스틱 화분은 가볍습니다. 흙을 담아도 토분에 비해 상대적으로 가벼워 쉽게 위치를 옮길 수 있습니다. 토분과 달리 물을 흡수하지 않아 관리가 편하다는 장점도 있지요.

하지만 플라스틱 화분은 통기성이 좋지 않기 때문에 습기 관리를 잘못할 경우 식물의 뿌리가 썩을 수 있습니다. 그래서 플라스틱 화분 중 구멍을 더 많이 뚫어 놓은 화분도 있습니다. '슬릿 화분'은 일반 화분에 비해 바닥에 구멍을 더 크게 많이 내고 심지어 화분 옆면에도 구멍을 만들어 통기성을 올린 화분입니다. 다만 구멍이 많아 흙이 조금씩 떨어질 수 있으니 이 부분을 유의하여 사용하면 좋겠습니다.

흙으로 만든 토분은 가장 역사가 깊은 화분 종류입니다. 대부분의 토분이 플라스틱 화분에 비해 통기성이 좋다고 알려져 있지만, 모든 토분이 통기성이 좋지는 않습니다. 토분 중에서도 높은 온도에서 구워 낸 토분을 '경질 토기'라고 부르며, 이는 흙과의 결합이 단단해 통기성이 전혀 없는 화분입니다. 또는 유약을 구워 만든 토기 화분도 통기성은 전혀 없다고 봐야 합니다.

흔히 통기성이 좋은 토기는 비교적 약한 온도에서 천천히 구워 낸 '연질 토기'입니다. 연질 토기는 통기성이 좋아서 화분의 흙을 빠르게 말려 주고, 이는 식물의 과습을 방지해 주는 효과를 가지고 있습니다. 하지만 화분이 물을 머금고 있기 때문에 화분에 이끼가 끼거나, 흙에 있는 영양분이 화분에 흡수되어 밖으로 빠져나오며 화분 밖에 '백화 현상'이라고 불리는 흰 얼룩이 낄 때가 있습니다. 미관상 좋지 않아 신경 쓰일 수 있으니 토분을 선택할 때 참고해 주세요.

화분의 크기는 기존에 식물이 담겨 있던 화분보다 높이와 너비가 1~2인치(검지손가락 두세 마디 정도) 크게 선택하는 것이 이상적입니다. 기존에 있던 화분을 새로 옮겨 줄 화분과 겹쳐 보면 어느 정도 크기 차이가 나는지 알 수 있습니다. 조금 더 넓은 화분으로 준비하는 이유는 식물의 뿌리가 기존 화분에 가득 차 있을 가능성이 높기 때문입니다. 더 넓은 화분으로 옮겨 뿌리가 새롭게 뻗어 나갈 수 있는 공간을 더욱 확보해 주기 위해서지요.

평소의 생활 습관과 키우는 식물의 수분 요구량에 따라 화분의 재질을 적절하게 선택하세요.

① 약한 온도에서 구워 낸 토분은 통기성이 좋습니다. 하지만 물을 머금고 있기 때문에 화분에 이끼가 끼거나 흰 얼룩이 끼는 경우가 있습니다.

② 플라스틱 화분은 가볍지만 통기성이 좋지 않아 습기 관리에 신경 써야 합니다.

분갈이 과정 두 번째, 흙 선택

화분의 흙은 주로 멸균 처리가 완료된 '배양토'를 사용합니다. 배양토는 원예 식물 재배를 위해 만들어진 흙으로 상토를 비롯해 습기를 잘 머금을 수 있는 부엽토, 피트모스 등과 배수성이 좋은 펄라이트 등을 배합해 만들어집니다. 제조사마다 흙의 비율은 조금씩 다르지만 기본적으로 실내 식물을 키우기 적합하게 만들졌으니, 편한 곳에서 구매하면 됩니다.

흙을 사용해 보고 필요에 따라 다른 흙을 추가로 배합해서 사용하는 방법도 있습니다. 만약에 통기성이 아주 좋은 토분이나 그로우백 같은 화분을 사용한다면 물이 너무 빨리 마르는 것을 방지하기 위해 보습성이 좋은 피트모스 같은 흙을 추가할 수 있지요. 혹은 플라스틱 화분을 사용해 과습이 걱정된다면 흙에 펄라이트를 추가하여 배수성을 늘려 사용하면 좋습니다.

기본적으로 실내에서 키우는 식물은 환기 문제로 과습의 위험이 더 큽니다. 따라서 기본 배양토를 그대로 사용하더라도 바닥에 난석과 마사토 등을 깔아 배수층을 만들어 주고 분갈이 하는 것을 권장합니다. 이렇게 분갈이까지 잘 마친다면 식물을 건강하게 키울 수 있는 기초 작업이 끝나는 셈입니다.

분재 화초로 적합하고 관리가 용이한 테이블 야자를 예로 들어 분갈이 과정을 소개합니다.

테이블 야자 분갈이 과정

1. 준비 단계

식물과 화분, 거름망, 배수층(난석 또는 마사토), 흙 등의 재료를 준비합니다. 이때에 화분은 기존에 담겨 있던 화분의 너비와 높이보다 손가락 한마디 이상 큰 것으로 준비하는 것이 좋습니다.

2. 화분에 흙 담기

새 화분의 바닥에 거름망을 넣고, 배수층이 될 난석을 깔고 흙을 반쯤 채웁니다.

3. 식물 준비하기

기존 화분에서 식물을 조심스럽게 뽑아 내고 겉흙과 가장 아래쪽 흙을 살짝 털어 냅니다.

4. 식물 이식하기

준비된 새 화분에 식물을 옮겨 심고, 나머지 흙으로 공간을 채워 줍니다.

흙의 종류

① 난석은 무게가 가벼워 배수층을 만들 때 사용합니다. 통기성과 보습력 모두 좋습니다.

② 마사토는 화강암이 풍화되어 잘게 부서진 모래로, 통기성이 좋고 배수가 잘 됩니다.

③ 나무껍질을 고온에서 찐 바크는 흙의 습도 유지를 위해 사용됩니다.

④ 알비료는 고체 형태의 식물 영양제입니다.

⑤ 상토는 식물을 키울 때 주로 사용되는 흙으로, 홈가드닝을 할 때는 '원예용 상토'를 사용하는 게 좋습니다.

⑥ 화분에 장식돌을 깔면 물을 줄 때 흙이 밖으로 흘러내리지 않는 장점이 있습니다.

⑦ 펄라이트는 진주암을 고열 처리한 하얀색 흙입니다. 통기성이 뛰어나고 가벼워 무거운 마사토 대용으로 많이 사용하지요.

수경 재배와 물꽂이

수경 재배는 양액 재배라고도 불리며, 식물의 뿌리를 흙이 아닌 영양 용액에 담가 키우는 방식입니다. 최대한 깔끔한 환경을 유지하며 식물을 키우고 싶은 베란다 농부들에게 좋은 재배 방식입니다.

식물을 물에서 키우면 병원균의 번식이 어렵습니다. 흙을 사용하는 전통적인 방식에서 병원균이 습기와 유기물을 이용하여 번식할 수 있는 반면, 수경 재배에서 사용되는 영양 용액은 정기적으로 교체해 준다면 이러한 걱정 없이 식물을 키울 수 있지요. 특히, 해충의 침해는 거의 걱정할 필요 없습니다. 또한 과습으로 인한 식물 손상의 위험이 적기 때문에, 물 주기의 어려움이 있었다면 물에 꽂아 둔 채로 키우는 수경 재배가 좀 더 손쉬운 방법이 될 수 있습니다.

수경 재배에서 주의할 점

수경 재배는 많은 이점이 있지만, 여전히 신경 써야 할 부분이 존재합니다. 수경 재배는 물에서 식물을 기르는 것이기 때문에 모든 필수 영양분을 인공적으로 공급해야 합니다. 뿌리활성액, 개화촉진액 등 종류도 다양합니다. 일반적으로 식물이 담겨 있는 물을 갈아 줄 때마다 영양제를 희석해서 사용합니다. 희석하는 비율은 액체 비료마다 다르기 때문에 구입한 액체 비료의 제조사의 방침에 맞추어 사용하면 됩니다.

일반적으로 식물의 뿌리는 흙 속에 깊이 자리 잡고 식물을 지탱하지만, 수경 재배는 흙이 없기 때문에 뿌리를 지지하고 식물의 안정성을 보장하는 대체 수단이 필요합니다. 그래서 수경으로 관리하는 식물은 용기 내에 뿌리를 지지할 수 있는 매체, 황토볼 혹은 하이드로볼을 넣어 주면 좋습니다. 이 매체들은 단순히 식물의 뿌리를 지지하는 데 도움을 줄 뿐만 아니라, 다공성 구조를 가지고 있어 수분과 영양분을 저장하고 물 속의 공기 순환을 돕습니다. 그래서 수경 재배로 키우는 식물의 뿌리가 건강하게 성장하는 데 도움을 줍니다.

마지막으로 수경 재배 방식은 정기적인 관리가 필수입니다. 물은 자연스럽게 증발하거나 식물에 의해 소비되기 때문에 정기적으로 물을 보충해야 합니다. 이때 단순히 물을 추가로 계속 더 넣는 것보다 새로운 물로 교체하는 것이 가장 좋습니다. 오랫동안 고여 있던 물은 미네랄과 염류가 축적될 수 있고, 고온 다습한 조건에서는 곰팡이와 박테리아가 빠르게 증식할 수 있기 때문입니다. 물을 교체할 때는 물의 pH 농도를 조절하면 좋습니다. pH 농도는 용액의 산성도를 나타내는 지표입니다. 식물마다 이상적인 pH 범위가 다르지만, 대부분의 식물은 약 염기성인 pH 5.5~6.5 사이에서 가장 잘 자랍니다.

pH가 너무 낮거나 높으면 식물이 필수 영양소를 제대로 흡수할 수 없어 성장이 저하되거나 심지어는 식물이 죽을 수도 있습니다. 일반적으로 사용하는 수돗물은 지역마다 다를 수 있지만, 대체로 pH가 6.5~8.5

수경 재배를 할 때 알아야 할 것들

① 수경 재배는 식물의 뿌리를 흙이 아닌 영양 용액에 넣어 키우는 방식입니다. 물은 정기적으로 보충하고, 물의 pH농도는 5.5~6.5로 맞춰 주세요.

② 뿌리활성액, 개화촉진액 등 다양한 영양제를 필요한 만큼 희석해 사용합니다.

③ 뿌리를 지지할 수 있는 하이드로볼을 사용해 주세요.

사이이기 때문에 대부분의 식물이 잘 자랄 수 있는 범위입니다. 하지만 수돗물에는 약간의 염소가 들어 있어 물을 교체하기 전 하루 정도 방치해 염소를 증발시키고 영양제를 희석한 후에 물을 교체해 주는 것이 좋습니다.

물꽂이 삽목이란

집 안에서 수경 재배를 쉽게 접하는 방식으로 '물꽂이 삽목'을 추천합니다. 물꽂이 삽목은 식물의 가지 혹은 뿌리가 내릴 수 있는 줄기의 일부를 잘라 물에 담가 뿌리를 내리게 하는 번식 방법입니다. 이 방법은 집에서 쉽게 시도할 수 있고, 식물의 개체 수를 늘릴 수 있다는 것이 큰 장점입니다.

물꽂이 삽목을 시작하기 전 적합한 식물을 선택하는 것이 중요합니다. 스킨답서스, 몬스테라와 같은 여러 종류의 관엽식물뿐만 아니라 로즈마리, 바질, 방울토마토 등의 식용 작물도 물꽂이 삽목이 가능합니다.

물꽂이 삽목 방법

삽목을 위해 가장 먼저 해야 할 일은 건강하고 병해충이 없는 가지를 고르는 일입니다. 가지는 적어도 한 개 이상의 잎과 노드를 포함해야 합니다. 노드는 뿌리가 자라날 수 있는 곳입니다. '눈자리'라고 표현하기도 합니다.

삽목을 위해 식물의 줄기를 잘라 낼 때, 노드를 정확히 파악하는 것

삽목한 식물의 모습

삽목을 위해 잘라 낸 가지에는 적어도 한 개 이상의 잎과 노드(뿌리가 나오는 눈자리)를 포함해야 합니다.

이 성공적인 뿌리 내림을 결정합니다. 노드를 찾는 방법은 줄기에서 잎이 자라 나오는 지점으로, 대부분의 식물에서 이 부분은 약간 부풀어 오른 것처럼 보입니다.

노드를 포함한 가지를 잘라 내기 전에는 가위나 칼을 알코올 등으로 소독해 줍니다. 가지를 자르면서 식물에 균이 옮을 수 있기 때문입니다. 가지를 노드 바로 아래에서 깔끔하게 잘라 내고, 잘라 낸 가지의 잎 중 일부를 제거하여 물에 잠기는 잎이 없게 만들어 주세요.

자른 가지는 깨끗한 물에 담가 둡니다. 이때 노드가 물에 잠기게 담가야 식물이 뿌리를 내릴 수 있는 환경이 조성됩니다. 그 후 삽목한 식물은 밝고 햇빛이 잘 드는 곳에 두면 됩니다. 너무 많은 직사광선은 식물에 스트레스를 줄 수 있기 때문에 피하는 편을 권장합니다.

삽목한 식물이 담긴 물은 일주일에 한 번 정도 갈아 주어 신선하게 유지하는 것이 좋으며, 물이 탁해지거나 냄새가 난다면 더 자주 갈아 줘야 합니다. 식물의 종류에 따라 다르지만 일반적으로 몇 주 안에 뿌리가 나옵니다.

뿌리가 나오면 물꽂이 삽목 성공입니다. 이렇게 물꽂이 삽목에서 뿌리가 나온 식물들은 흙 화분으로 옮겨서 키울 수도 있습니다. 다만 흙으로 옮길 때 식물의 뿌리가 약하면 식물이 적응하지 못할 수도 있으니, 충분히 뿌리가 자란 후에 시도할 것을 추천합니다.

생명력이 강해 물꽂이 삽목이 쉬운 스킨답서스를 예로 들어 물꽂이 삽목 과정을 소개합니다.

스킨답서스 물꽂이 삽목 과정

1. 식물 준비하기

노드를 포함한 식물의 가지를 잘라 줍니다.

2. 식물 이식하기

물이 담긴 용기에 자른 가지를 담가 줍니다.

3. 마무리

식물이 담긴 컵을 햇빛이 잘 드는 곳에 두고 뿌리 내림을 관찰하며 잘 적응하는지 확인합니다.

2부

오늘부터 시작하는 베란다 채소 키우기

5장

쌈 싸 먹기 좋은 엽채류

마치 자신을 잃어버린 듯한 느낌으로 가득 찼던 시기가 있었습니다. 바쁜 일상 속에서 '지금 내가 여기 존재하는 것이 맞나?' 하는 생각이 자주 들었습니다. 리포터 업무는 새벽부터 시작하는 것이 일상이라, 출근길 편의점에서 간단히 아침을 해결하고, 점심시간에는 끼니를 넘기기 일쑤였습니다. 그리고 피곤한 저녁엔 편하게 자극적인 배달 음식을 주문해 먹었습니다.

이러한 생활이 이어질수록 몸과 마음이 지쳤고, 점점 무감각해져 가는 스스로의 모습이 보였습니다. 바쁜 일상 속에서 보상 심리로 필요도 없는 물건을 쇼핑 하는 순간도 자주 있었고, 이렇게 구입한 물건들은 하나씩 방치되어 집 안을 어지럽혔습니다.

그렇게 하루하루를 살아가고 있던 제게 강원도 춘천의 한 수경 재배 농장을 방문한 날은 인생의 전환점이 되었습니다. 그곳에서 농업 마이스터님과의 대화는 저에게 큰 영감을 주었습니다. 20년 이상 농사를 지어 온 남편과 함께 친환경 재배 시설을 운영하고 계시던 그분은 "채소를 수확하는 일이 얼마나 즐거운지 모른다"라고 말씀하셨고, 이 말이 제 마음속에 깊이 파고들었습니다.

농사가 어렵고 힘든 작업임에도 불구하고 그 속에서 즐거움을 찾을 수 있는 이유가 궁금해졌습니다. "농사는 하늘의 도움이 필요한, 매우 소중한 일"이라며 시작된 그분의 이야기는 저에게 새로운 관점을 제시했습니다. 벌레 관리의 중요성에 대해 언급하시면서도 자연과의 '공존'이 농사의 핵심이며, 자연과 균형을 유지하며 친환경적으로 작물을 관리해야 한다고 강조하셨습니다. 그리고 이러한 신념이 친환경 시설 재배를 시작하게 된 계기가 되었다고 합니다.

이 말이 인상 깊었던 저는 그렇게 집에서도 실현 가능한 수경 재배 방식으로 엽채류를 직접 키우기로 결심했습니다. 엽채류는 성장 속도가 빨라 직접 기르며 수확하는 재미가 매우 크다고 들었는데, 실제로 도전해 보니 그 말은 전혀 과장이 아니었습니다. 작은 싹이 서서히 자라나는 모습을 지켜보는 것만으로도 큰 기쁨과 위안을 얻을 수 있었습니다.

이 작은 변화가 제 마음에 얼마나 긍정적 영향을 미쳤는지 모릅니다. 엽채류가 자라는 과정을 관찰하며 저는 자연의 신비로움과 생명력을 느낄 수 있었습니다. 이 새로운 시도는 제 일상에 새로운 활력을 불어넣어 주었고, 매일 아침 제가 가꾼 식물들을 확인하는 것이 가장 큰 즐거움이 되었습니다. 식물들이 점점 커 가고, 수확할 수 있을 만큼 자라는 과정을 보는 것은 정말로 행복한 경험이었습니다.

첫 수확의 순간은 말로 표현할 수 없는 감동이었습니다. 제 손으로 직접 키운 엽채류를 식탁 위에서 만나는 경험은 정말 특별했습니다. 그 맛은 시중에서 판매되는 어떤 엽채류보다 신선하고 맛있었습니다. 이 경험을 계기로 소진하고 소비하는 삶에서 생산하고 지속 가능한 삶으로 바꿀 수 있다고 생각했고, 식탁 위의 음식에 대해 더 깊은 감사의 마음을 가지게 되었습니다.

엽채류는 처음 작물을 키우는 사람에게 추천할 수 있는 최고의 식물 중 하나입니다. 식물 기르는 재미와 직접 식탁에 올려 수확의 기쁨을 빠르게 맛볼 수 있게 해 주는 대표적인 엽채류 몇 가지를 소개합니다.

생으로 먹기 좋은 버터헤드레터스

상추는 베란다 농사를 시작하는 분들에게 아주 적합한 대표적인 엽채류 중 하나로 꼽힙니다. 우리나라 사람들에게 상추는 아마도 가장 친숙하고 사랑받는 채소일 것입니다. 마트의 채소 코너에 들어서면 맨 처음 마주치는 것도 상추고, 고깃집에서도 신선하고 깨끗하게 씻은 상추를 쉽게 볼 수 있습니다. 심지어 나사NASA가 우주에서 처음으로 재배해 먹는 모습을 공개한 작물 역시 상추였다는 사실은 상추가 얼마나 재배하기 쉬운 작물인지를 잘 보여 줍니다.

상추는 적은 양의 흙으로도 잘 자라고, 먼지에 민감한 우주 환경에서도 재배하기 좋은 작물로 꼽힙니다. 특히 수경 재배 방식으로 키우기에도 적합하며 다양한 방식으로 재배를 시도할 수 있습니다.

그중 유럽 상추인 '버터헤드레터스'는 집에서 홈파밍을 시작하려는 초보 베란다 농부들에게 추천하고 싶은 작물입니다. 이 상추는 직사광선을 피하고 적절한 양의 물을 주기만 해도 큰 어려움 없이 잘 자랍니다. 씨앗부터 직접 발아시켜 기르는 것도 좋고, 상추 모종을 구입해 와서 화분에 옮겨 심어 기르는 것도 좋습니다.

상추는 물 빠짐이 좋은 환경에서는 물을 많이 줘도 잘 자라며, 벌레

레터스

에도 강한 편이라 초보자들도 부담 없이 도전할 수 있습니다. 또한 상추는 잎을 수확해도 계속해서 새로운 잎이 자라나기 때문에 한번 심으면 오랜 기간 동안 수확의 기쁨을 누릴 수 있습니다.

버터헤드레터스는 양상추 계열의 결구상추 종으로 우리가 일반적으로 먹는 상추와 몇 가지 차이가 있습니다. 우선, 가장 눈에 띄는 차이는 바로 식감입니다. 버터헤드레터스는 조금 질긴 식감을 가지고 있는 일반 상추와 달리 매우 부드럽습니다. 그리고 맛에 있어서도 살짝 쌉쌀한 맛을 가진 일반 상추와는 다르게 부드러운 단맛을 가지고 있습니다.

최근에는 채소를 고기와 함께 쌈으로 먹는 것만이 아니라 샐러드로 즐기는 분들이 많아졌습니다. 일반 상추는 쓴 맛이 있기 때문에 샐러드로 잘 먹지 않지만, 버터헤드레터스라면 샐러드로 먹기에 아주 좋습니다.

수확하기

버터헤드레터스는 유럽에서 자주 보이는 상추입니다. 헤드레터스라고 불리는 양상추 중에서도 특히 잎이 아주 부드러운 종을 버터헤드레터스라고 부릅니다. 버터헤드레터스의 여린 잎들은 시중에 판매되는 다른 종류의 상추들과 비교했을 때, 그 부드러움과 달콤한 맛이 아주 매력적입니다. 하지만 너무 크게 자라면 잎이 질겨지니 적절한 시기에 수확하는 것이 중요합니다.

버터헤드레터스는 우리가 알고 있는 일반 줄기상추와는 다른 형태로 자라납니다. 마치 양상추처럼 둥글게 포기 형태로 자라는데, 이건 결

버터헤드레터스를 키울 때 주의할 점

① 모종으로 키우고 싶다면 물과 영양제만 준비하면 됩니다. 식물의 뿌리를 영양제를 희석한 물에 잠기게 넣으면 끝입니다.

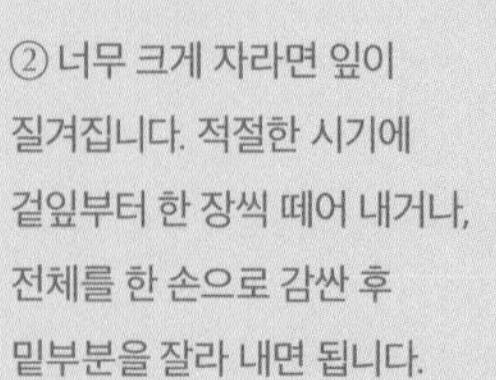

② 너무 크게 자라면 잎이 질겨집니다. 적절한 시기에 겉잎부터 한 장씩 떼어 내거나, 전체를 한 손으로 감싼 후 밑부분을 잘라 내면 됩니다.

구상추의 특징이기도 합니다. 이 특징 덕분에 부담스럽지 않은 높이로 자라서 실내에서 키우기 적합하고, 겉잎부터 조심스럽게 한 장 한 장 따며 필요한 양만큼 활용할 수 있습니다. 겉잎부터 수확하는 방식은 상추의 가장 안쪽 부분에 새로운 잎을 지속적으로 자라게 해, 연속적인 수확이 가능합니다.

만약 상추의 가장 안쪽에 위치한 여린 잎을 맛보고 싶다면 전체 잎을 한 손으로 부드럽게 감싼 후 밑부분을 잘라 내면 됩니다. 이렇게 하면 버터헤드레터스를 포기째로 수확해서 요리에 활용할 수 있고, 수확 후 정리 작업도 훨씬 깔끔해집니다.

요리하기

버터헤드레터스는 은은한 단맛과 타 엽채류에 비해 부드러운 식감을 자랑합니다. 이는 다양한 요리에 부담 없이 활용할 수 있는 큰 장점이지요. 샌드위치나 햄버거 속에 넣으면 아삭아삭한 식감과 신선한 맛을 더해 줄 수 있고, 다양한 종류의 샐러드에 활용해도 쓴 맛이 없어 좋습니다. 아니면 그냥 일반 상추처럼 쌈으로 먹어도 맛있는 채소입니다. 다만 저는 익혔을 때보다 생으로 먹었을 때 신선한 맛이 더욱 살아나는 것 같아 되도록 익히지 않고 먹는 편입니다.

잎사귀를 하나하나 떼어 내기보다는 전체 포기를 한 번에 수확한 후 찬물에 가볍게 씻어 풍성한 풍미를 느껴볼 것을 추천합니다.

버터헤드레터스 샐러드는 정말 만들기 쉽습니다. 개인의 기호에 따라 약간의 올리브유, 소금, 후추를 뿌려주기만 해도 맛있는 샐러드로 만들 수 있습니다. 좀 더 든든한 식사를 원하는 경우에는 토마토, 가지, 브로콜리, 애호박, 버섯 등 개인 취향에 맞는 다양한 채소들을 약간 구워 곁들이는 것도 좋습니다. 버터헤드레터스는 맛이 크게 튀지 않아 다양한 곁들임 재료들과 함께 먹어도 어색하지 않지요. 이렇게 살짝 익힌 채소를 얹은 후 기호에 맞는 드레싱을 추가하고, 치즈만 살짝 갈아 위에 얹어도 훌륭한 샐러드가 됩니다.

버터헤드레터스 샌드위치 만들기

재료: 버터헤드레터스, 식빵 2개, 계란 1개, 크림치즈

1. 식빵에 크림치즈를 잘 펴 바른다.
2. 빵 위에 버터헤드레터스, 토마토, 계란 순서로 올린다.
3. 나머지 빵 하나로 덮는다.

생으로 먹을 때 가장 맛있는 버터헤드레터스

① 버터헤드레터스는 생으로 먹는게 가장 맛있습니다. 샌드위치 속 재료로 활용해 보세요.

② 방울토마토, 모차렐라 치즈, 올리브오일, 발사믹 식초만 있으면 맛있는 샐러드가 완성됩니다.

사 먹는 것보다 향이 진한 깻잎

깻잎은 집에서도 손쉽게 키울 수 있는 작물 중 하나입니다. 들기름을 만드는 주요 재료인 들깨의 잎이고, 특유의 맛과 향으로 다양한 한식 요리에 두루 활용되는 것이 특징입니다. 깻잎은 주로 한국에서만 소비하기 때문에 다른 국가에서는 이색적인 채소로 여겨집니다. 이와 같은 독특함 덕분에 영어권에서는 깻잎을 우리나라의 발음을 따라 'kkaennip'이라 부른다고 합니다.

재배하기

들깨는 강인한 생명력을 가지고 있습니다. 한번 들깨를 심으면 추가로 들깨를 심지 않아도 계속해서 자생해 나가는 강인함을 보여 줍니다. 이런 특성으로 인해 깻잎은 베란다 농사에 처음 도전하는 분들에게도 추천하는 작물입니다. 실내에서 키우기 적합한 식물이고, 씨앗으로 파종하여 키워도 잘 자라기 때문입니다. 저는 수경 재배 방법을 추천합니다.

또한 병해충에도 강해 초보자도 문제 없이 재배할 수 있는 장점이 있습니다. 집에서 키운 깻잎은 시판되는 것들과 달리 잎 크기가 작을 수

수경 재배로 깻잎 키우기

① 그로단에 씨앗을 심고 물을 충분히 적셔 줍니다.

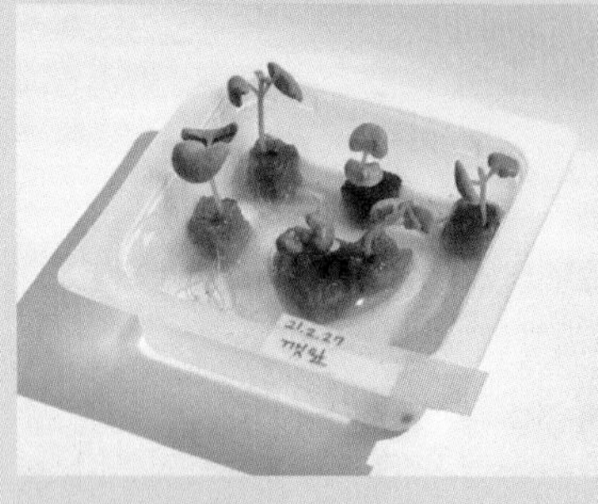

② 그로단을 촉촉하게 유지시켜 주면 곧 새싹이 자라납니다.

③ 스펀지로 감싸 새싹 뿌리를 지지해 주세요.

④ 영양제를 희석한 물이 담긴 용기에 옮긴 후 충분한 빛을 제공해 주세요.

있지만, 향과 맛은 훨씬 진하고 강합니다.

깻잎을 키울 때 크기가 너무 커질 수 있다는 점을 주의해야 합니다. 그래서 식물이 어느 정도 자랐을 때 상단의 잎과 일부 줄기를 적절히 잘라 내서 생장점을 제거해 줘야 하지요. 가지치기를 할 때는 잎과 중앙 줄기의 상단 부분인 생장점을 가위로 한번에 깔끔하게 잘라 내는 것이 중요합니다. 이렇게 잘 관리한 깻잎은 햇빛이 잘 드는 곳에 두면 무럭무럭 자라납니다.

잘라 낸 깻잎 가지는 물이나 습한 흙에 심어 두면 뿌리가 자라나 새로운 깻잎을 키울 수 있습니다. 이것을 '삽목'이라 하는데요. 삽목으로 깻잎을 관리하면 새로운 개체를 늘려서 생산성을 높힐 수 있습니다. 특히 물에서 어느 정도 뿌리가 날 때까지 기다리다가 흙에 심는 '물꽂이'를 하면 보다 쉽고 간편하게 기를 수 있어서 추천합니다.

수확하기

깻잎 수확의 이상적인 시기는 대체로 깻잎이 5~6장 이상의 잎을 가지고 있으며 손바닥만 한 크기로 성장했을 때입니다. 이때 수확된 깻잎은 음식에 활용하기에 크기도 적절하고 맛과 향도 만족스럽습니다.

만약 너무 이른 시기에 수확하면 잎이 작아서 활용도가 떨어지고 맛과 향도 부족하지요. 반대로, 잎이 과하게 커진다면 잎이 질겨지고 섬유질이 많아져 식감이 좋지 않고 맛도 떨어집니다. 이러한 이유로 깻잎의 신선하고 부드러운 맛을 즐기기 위해서는 적절한 시기에 수확하는 것이 중요

깻잎 물꽂이 방법

① 깻잎의 줄기를 잘라 물이나 습한 흙에 심으면 새로운 깻잎이 자라납니다.

② 7~10일 정도가 지나면 뿌리가 풍성하게 자라는 모습을 볼 수 있습니다.

합니다.

수확하는 방법은 단순하지만 주의가 필요합니다. 집에서 키우는 작물들은 대개 외부에서 키우는 것보다 줄기가 약하기 때문입니다. 잎이 자라난 잎줄기를 가위로 조심스럽게 꺾어 잘라 내는 것이 일반적인 방식입니다. 이렇게 수확한 깻잎은 요리에 바로 사용할 수도 있고, 당장 사용하지 않는다면 잎줄기가 물에 살짝 닿게 세운 후 용기를 밀봉하여 냉장 보관하는 것이 좋습니다.

요리하기

직접 키운 깻잎은 마트에서 구매한 것들과 차이가 정말 큽니다. 집에서 키워 막 수확한 깻잎은 향기가 훨씬 진합니다. 특히 깻잎장아찌나 깻잎볶음처럼 깻잎을 주재료로 요리하면 깻잎의 진한 향을 즐길 수 있습니다.

깻잎을 주재료로 활용한 요리 중에서 가장 추천하고 싶은 것은 '깻잎 페스토'입니다. 깻잎 페스토는 깻잎의 깊고 풍부한 맛과 향을 즐길 수 있는 요리입니다. 먼저, 캐슈넛을 살짝 볶아 줍니다. 캐슈넛을 볶으면 특유의 향이 더욱 살아납니다. 고소한 향이 맛을 한층 더 끌어올리기 때문에 캐슈넛은 꼭 한 번 볶아서 사용합니다.

다음은 깻잎의 꼭지를 떼어 내고 깨끗이 씻은 후 물기를 제거합니다. 마늘(혹은 간마늘) 한 스푼과 충분한 양의 올리브유를 준비합니다. 준비된 재료들을 블렌더에 넣고, 모든 재료가 잘 섞일 때까지 갈아 줍니다.

이때, 페스토의 질감은 개인의 취향에 따라 조절할 수 있습니다. 만약 파스타 같은 요리에 소스로 활용할 계획이면 올리브유를 조금 더 추가해서 묽은 질감으로 만들 수 있고, 빵이나 쿠키에 발라먹는 스프레드 용도로 사용할 계획이라면 올리브유의 양을 줄여 약간 되직하게 만들 수도 있습니다. 잘 갈렸으면 살짝 맛을 보고 기호에 맞게 소금을 추가해 간을 맞춰 줍니다.

이렇게 완성된 깻잎 페스토를 다양한 요리에 활용해 보세요. 빵에 발라 샌드위치나 브루스케타의 소스로 사용해도 좋고, 구운 채소나 고기 요리에 마무리 소스로 더할 수도 있지요. 또, 잘 익힌 파스타 면에 깻잎 페스토를 적당히 덜어 버무려 주는 것으로 간단하게 깻잎 페스토 파스타를 만들 수 있습니다. 활용도가 아주 좋은 요리이니 만큼 한번 도전해 볼 것을 추천합니다.

깻잎이 부재료로 활용되는 요리로는 '깻잎 순대볶음'을 추천합니다. 향긋한 깻잎의 향이 순대의 잡내를 잡아주며 입맛을 더욱 북돋아 줍니다. 순대를 두껍게 썰고, 깻잎은 깨끗이 씻어 물기를 제거한 후 얇게 썰어 줍니다.

예열된 팬에 기름을 두르고 다진 마늘을 넣어 향을 냅니다. 마늘이 노릇하게 볶아지면 준비한 순대를 넣고 볶습니다. 순대가 살짝 익으면 취향에 따라 양파, 당근, 대파 등 다양한 채소를 함께 볶습니다. 채소가 어느 정도 익으면 고추장, 간장, 설탕, 고춧가루를 섞어 만든 양념장을 넣고 양념이 골고루 배어들도록 재료를 볶아 줍니다.

마지막으로 채 썬 깻잎을 넣고 한 번 더 볶으면 완성입니다. 깻잎은 너무 오래 볶지 않고 살짝 숨이 죽을 정도로만 볶아야 온전한 향을 느끼며 음식을 즐길 수 있습니다.

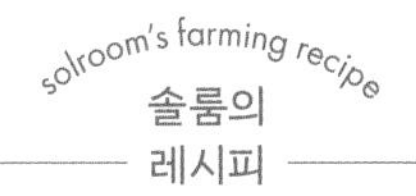

깻잎 페스토 만들기

재료: 깻잎 30장, 올리브오일 100밀리리터, 캐슈넛 한주먹, 소금 1티스푼, 다진 마늘 1티스푼, 레몬즙 1티스푼, 파마산 치즈 3티스푼(생략 가능)

1. 깻잎은 깨끗이 씻어서 꼭지를 뗀다.
2. 믹서기에 깻잎과 올리브오일, 캐슈넛, 소금, 다진 마늘, 레몬즙을 넣고 모든 재료가 잘 섞일 때까지 간다.
* 파스타 소스로 활용한다면 올리브오일을 조금 더 추가하고, 스프레드로 활용한다면 올리브오일 양을 약간 줄여 되직하게 만든다.
3. 간을 보고 소금이나 파마산 치즈를 추가한다.

간단한 깻잎 페스토 만들기

① 깻잎, 캐슈넛, 올리브유만 있으면 누구나 만들 수 있습니다. 재료를 다 넣고 갈아주세요.

② 완성된 페스토는 밀폐 용기에 담아 보관해 주세요.

간단한 깻잎 순대볶음 만들기

순대볶음이 완성되면 불은 약하게 줄이고
잘게 썬 깻잎을 올려 주세요.

겨울에도 키울 수 있는 청경채

청경채는 강력히 추천하고 싶은 홈파밍 작물 중 하나입니다. 청경채는 토경 재배, 수경 재배에서 모두 잘 자라는 식물이지만 실내에서는 수경 재배 방식을 추천합니다. 복잡한 도구 없이도 청경채를 효율적이고 빠르게 키울 수 있기 때문입니다. 기본적으로 필요한 재료는 영양분을 풍부하게 함유한 물뿐이기 때문에, 관리에 대한 부담이 적어 농사에 대한 전문 지식이 없는 초보자들도 쉽게 접근할 수 있습니다.

재배하기

수경 재배로 키우는 청경채는 병해충에 대한 저항력이 훨씬 강해집니다. 흙을 사용하는 토경 재배에 비해 해충으로부터 상대적으로 안전한 환경에서 자라날 수 있습니다. 이는 필요한 영양분을 물을 통해 직접 공급하기 때문에 가능한 일로, 컵이나 작은 용기에서도 쉽게 재배할 수 있다는 장점이 있습니다. 특히 공간적 제약이 있는 아파트나 작은 집에서 거주하는 분들에게 탁월한 재배 방법입니다.

추가로 '월동 청경채' 씨앗을 선택하면 추운 겨울 날씨에도 잘 견디

수경 재배로 청경채 키우기

① 청경채 수경 재배를 위해 그로단에 씨앗을 심어 줍니다.

② 1~2주 정도가 지나면 싹이 올라옵니다.

③ 뿌리가 잘 내려오면, 영양제를 넣은 물로 식물을 옮겨 줍니다.

는 청경채를 기를 수 있습니다. 청경채는 사계절 내내 언제든 길러 먹을 수 있는 홈파밍 채소이지요. 일 년 내내 신선하고 맛있는 채소를 내 손으로 직접 기르고 수확한다는 즐거움을 만끽할 수 있습니다.

집에서 직접 기른 청경채는 줄기를 씹으면 과일을 베어 문 듯한 아삭한 식감과 더불어 시원한 채수가 입 안 가득 들어옵니다. 이파리 또한 부드러워 청경채의 새로운 매력을 느낄 수 있을 것입니다. 이렇게 집에서 간편하게 기를 수 있는 청경채는 우리 삶에 신선한 맛과 건강을 선사할 뿐만 아니라, 직접 무언가를 키우는 기쁨을 성취감을 느낄 수 있는 기회를 제공합니다.

수확하기

시장에서 파는 청경채가 종종 튤립의 봉우리처럼 단단히 조여져 있는 모습을 보이는 것과는 대조적으로, 직접 키운 청경채는 마치 꽃이 만개한 것처럼 잎이 펼쳐져 있습니다. 자라는 동안 밑동에 줄로 묶음 작업을 해주면 구매한 청경채와 비슷한 형태로 자라기도 합니다.

청경채가 성인의 주먹 크기를 넘어서는 순간이 되면 수확을 해도 좋습니다. 가장 아랫부분, 즉 줄기의 밑동을 부드럽게 감싸고, 지면으로부터 살짝 떨어진 지점에서 가위나 날카로운 칼을 사용해 조심스럽게 잘라 냅니다.

만약 수경 재배나 화분을 활용한 재배 방식에서 청경채를 키우게 될 경우, 첫 번째 수확이 끝난 후 다시 자라나는 데는 상당한 시간이 소

청경채 수확 방법

청경채가 성인의 주먹 크기를 넘어서면 수확할 때입니다. 청경채의 가장 아랫부분을 한 손으로 감싸고, 그 위를 가위나 칼로 조심스럽게 잘라 주세요.

요되며, 처음보다 조금 더 작은 크기로 성장합니다. 이는 청경채를 한 번 수확하면 다시 자라나는 과정에서 원래의 크기를 유지하기 어렵다는 점을 의미합니다. 따라서 수경 재배나 화분 재배를 선택한다면 한 번의 수확을 목표로 하는 것이 좋습니다.

청경채는 쉽게 키울 수 있고, 신선한 맛 덕분에 많은 베란다 농부들에게 사랑받고 있습니다. 직접 키우는 즐거움 외에도 청경채는 그 자체로 우리 식탁 위에서 건강한 식재료가 되어 줍니다.

요리하기

청경채는 아삭한 식감과 부드러운 맛이 매력적인 채소입니다. 채소 하나만으로도 다양한 요리가 가능한데, 그중에서도 청경채를 살짝 데쳐 고추장, 마늘, 매실청, 참기름 등 다양한 양념으로 조리한 청경채 무침은 그 맛이 새콤달콤하면서도 입맛을 당길 정도로 매력적입니다. 이외에도 새우나 조개와 같은 해산물과 볶아 먹으면, 청경채의 감칠맛과 아삭한 식감이 해산물의 신선함과 잘 어우러져 더욱 특별한 맛을 선사합니다.

가장 추천하는 메뉴는 돼지고기 청경채 덮밥입니다. 맛과 영양 모두를 만족시킬 수 있는 메뉴이지요. 먼저 대패삼겹살이나 돼지고기를 얇게 썰어 준비합니다. 양념으로는 간장, 설탕, 다진 마늘, 참기름, 후추를 넣어 고기를 숙성합니다. 청경채는 깨끗이 씻은 후 밑동을 잘라 내고 한 잎씩 분리하여 준비합니다.

이후, 팬에 기름을 약간 두르고 양념한 돼지고기를 볶기 시작합니다. 고기가 거의 익었을 때 양파와 대파 그리고 청경채 줄기를 함께 볶아주면, 이 모든 재료의 풍미가 어우러져 더욱 풍부한 맛을 냅니다. 완성된 재료들을 따뜻한 밥 위에 올리고, 마지막으로 참기름이나 고추기름을 몇 방울 떨어뜨려 풍미를 더한 후 잘 섞어 먹으면 영양 가득한 한 끼가 완성됩니다.

이처럼 청경채는 그 자체만으로도 다양한 요리의 기초가 되며, 다양한 재료들과의 조합을 통해 맛과 영양을 더욱 풍부하게 만들어 줍니다. 맛있고 영양 가득한 매력을 지닌 식물이지요.

돼지고기 청경채 덮밥 만들기

재료: 대패삼겹살 250그램, 양파, 대파, 간장 2티스푼, 설탕 1티스푼, 다진 마늘 1티스푼, 참기름 1스푼, 후추 0.5티스푼, 밥 한 공기

1. 청경채는 밑동을 잘라 한 잎씩 분리해 깨끗하게 씻는다.
2. 대패삼겹살에 간장, 설탕, 다진 마늘, 참기름, 후추를 넣고 30분 숙성한다.
3. 팬에 기름을 두르고 숙성한 돼지고기를 볶는다.
4. 고기가 거의 다 익으면 청경채와 양파, 대파를 넣고 볶는다.
5. 완성된 재료를 밥 위에 올린다.

* 마지막에 참기름이나 고추기름을 몇 방울 떨어뜨리면 풍미가 더 산다.

간단한 돼지고기 청경채 덮밥 만들기

① 청경채와 돼지고기, 숙주에 양념을 넣고 볶습니다.

② 밥 위에 얹어 참기름이나 고추기름을 몇 방울 떨어뜨리면 더 맛있게 먹을 수 있습니다.

20일이면 수확할 수 있는 루콜라

루콜라는 그 이름만큼이나 이국적이고 매력적인 채소로, 프랑스어 '로케트roquette'란 단어에서 그 명칭이 시작되었습니다. 로케트처럼 가늘고 긴 잎을 가진 루콜라의 형태를 연상시키지요. '로켓샐러드'라는 씨앗을 구매하여 키울 수 있습니다.

루콜라는 씹을수록 입 안 가득 퍼지는 쌉싸름한 맛과 은은한 달콤함이 느껴져 많은 이들의 입맛을 사로잡습니다. 신선하면서도 독특한 풍미를 자랑하는 루콜라는 특히 서양 요리에서 다양하게 활용되며 그 매력을 배가시킵니다.

재배하기

루콜라는 20일이라는 짧은 기간 내에 수확할 수 있어 초보 베란다 농부들에게도 적합한 작물입니다. 루콜라의 수분감은 그 자체로도 상쾌하고 깔끔한 맛을 선사하며, 식사 후 입안을 개운하게 만들지요. 하지만 빠르게 자라는 특성상, 수확 시기를 놓치면 잎이 두꺼워지고 질겨져서 맛과 질감 모두 좋지 않아집니다. 적절한 시기에 여린 잎을 수확해 주세요.

루콜라는 한해살이 식물로 빠르게 자라기 때문에 집에서 키울 때는 수경 재배 방식이 효과적입니다. 일회용 커피컵에 물을 담고, 컵 뚜껑을 뒤집어 입구에 스펀지를 껴 둔 후 씨앗을 파종하면 따로 용기를 구매하지 않아도 됩니다.

씨앗이 담긴 스펀지가 충분히 물을 흡수하도록 하고, 싹이 발아한 후에는 루콜라의 뿌리가 충분한 수분을 유지할 수 있도록 매일 화분에 물을 공급하는 것이 중요합니다.

또한 흙과 달리 물은 영양소가 부족하기 때문에, 물을 갈아 줄 때마다 액체 식물 영양제를 적절한 비율로 희석해야 합니다. 식물 영양제마다 제안하는 비율이 다르니 각 영양제에서 권장하는 비율을 확인해 주세요. 직사광선을 피하고 밝은 곳에서 적절한 관리를 한다면 집에서도 건강하고 맛있는 루콜라를 즐길 수 있습니다.

수확하기

루콜라는 수확의 타이밍이 매우 중요합니다. 너무 오래 자라게 두면 잎이 질겨지고, 이는 곧 루콜라 특유의 신선하고 향긋한 맛과 아삭한 식감이 떨어지는 것을 의미합니다. 따라서 이러한 변화를 최소화하고 루콜라의 최상의 풍미를 즐기기 위해서는 적절한 시기에 수확하는 것이 중요합니다.

이상적인 수확 시기는 루콜라의 잎이 성인 손가락 길이에서 한 뼘 정도로 자랐을 때입니다. 이 시점에서 수확하면 루콜라의 잎이 아직 어리고 연하여 신선함과 풍미를 최대한 보존할 수 있습니다. 식물의 바깥쪽 잎부

수경 재배로 루콜라 키우기

① 일회용 컵, 물, 영양제만 있으면 루콜라를 키울 수 있습니다. 물을 갈아 줄 때마다 영양제를 희석해 넣어 주세요.

② 루콜라가 어른 손가락 길이에서 한 뼘 정도 더 자랐을 때 수확해 주세요.

터 차례대로 수확해 주세요. 식물의 중앙부 잎이 계속해서 성장할 수 있는 공간을 확보해 줌으로써 더욱 풍성한 수확을 기대할 수 있습니다.

수확한 루콜라는 시간이 지남에 따라 그 신선도가 점차 감소합니다. 따라서 수확 직후 가능한 한 빠르게 맛의 정수를 누리는 것이 가장 좋습니다. 바로 사용할 계획이 없을 때는 루콜라를 냉장 보관하면 더 신선하게 유지할 수 있습니다. 루콜라가 공기와 접촉하는 것을 최소화하기 위해 밀폐된 용기에 담아 냉장고에 넣는 것이 신선한 루콜라를 좀 더 오랫동안 즐기는 방법입니다.

요리하기

루콜라는 평범한 요리를 특별하게 만들어 주는 마법 같은 식재료입니다. 배달된 평범한 피자 위에 신선한 루콜라를 올리면 순식간에 향긋함이 입안 가득 퍼지는 새로운 경험을 할 수 있습니다. 또한 파스타 조리의 마지막 단계에서 루콜라를 가볍게 볶아 넣으면 파스타의 맛은 한층 더 깊어지며, 향긋한 맛으로 완성됩니다. 이처럼 루콜라는 단순히 추가하기만 해도 요리의 맛을 한층 더 올려 줍니다.

푸짐하고 따뜻한 한 끼가 필요할 때는 프리타타를 추천합니다. 이탈리아 요리인 프리타타는 오믈렛과 비슷하지만, 오븐에서 완성된다는 차이가 있습니다. 이 요리는 계란을 주재료로 다양한 야채, 고기, 치즈를 넣어 만듭니다. 여기에 체다나 모짜렐라 같은 치즈를 추가하면 맛이 더욱 풍부해집니다.

만약 간단하면서도 영양가 있는 식단을 찾는다면 루콜라 샐러드를 만들어 먹어 보세요. 구운 야채 몇 가지와 약간의 치즈를 루콜라에 더해 주고, 마무리로 발사믹 식초를 살짝 뿌리면, 단순해 보이지만 영양가 높고 맛도 뛰어난 샐러드를 즐길 수 있습니다.

루콜라 프리타타 만들기

재료: 루콜라 한주먹, 계란 5~6개, 베이컨 120그램, 버섯 한주먹, 양파 반 개, 파프리카 ¼개, 소금 0.5티스푼, 후추 0.5티스푼, 치즈

1. 양파, 파프리카는 잘게 썰고, 버섯은 원하는 크기로 썰어서 준비한다.
2. 기름을 두른 팬에 잘게 썬 재료와 베이컨을 볶는다.
3. 재료가 익으면 루콜라를 넣는다.
4. 오븐용 그릇에 볶은 재료를 고르게 펼친 후 계란 5개를 풀어 소금과 후추를 넣는다.
5. 체다나 모차렐라 같은 치즈를 추가한다.
6. 180도로 예열된 오븐에 넣고 약 20~25분간 굽는다.

간단한 루콜라 프리타타 만들기

① 계란에 고기, 야채, 치즈를 넣은 프리타타에 루콜라를 올려 주세요. 고급스러운 맛과 풍부한 식감을 느낄 수 있습니다.

② 도우 대신 계란으로, 토핑은 원하는 재료와 루콜라로 건강한 피자를 만들 수 있습니다.

6장

집 안을 향기롭게 만드는
허브류

버터헤드레터스를 키우며 느낀 수확의 기쁨이 크게 작용했는지, 아니면 오랜 기간 농부들과의 인터뷰를 진행하며 쌓인 직업병 때문인지 계속해서 다양한 종류의 파밍 작물을 직접 키워보고 싶다는 강한 욕구가 생겼습니다.

호기심 가득한 마음을 안고 집에서 가장 가까운 큰 농장을 방문했습니다. 그곳에 도착했을 때 다양한 작물의 씨앗과 모종 그리고 원예 용품을 보며 '또다시 번아웃을 경험하는 것은 아닐까?'라는 생각에 압도당했습니다. 식물을 키우며 안정감과 힐링을 찾고자 했던 저로서는, 오히려 마음이 복잡해지고 선택에 부담을 느꼈습니다. '오늘 뭐 먹을까'라는 질문조차 부담스러워하는 스스로에게 이러한 상황은 더욱 어렵게 느껴졌지요.

결국 눈으로만 용품을 구경하고 집으로 돌아와 화원의 온라인 쇼핑몰에 들어갔습니다. 그곳에서 '판매순 검색' 기능을 활용해 많은 사람들이 선호하고 구매하는 작물들을 살펴보았습니다. '다수의 사람들이 선호하는 종류라면, 분명 키우기에도 그리 어렵지 않을 것'이라는 단순한 생각을 가지고 선택한 식물이 바로 '허브'였습니다.

하지만 이러한 생각이 정확하게 들어맞지는 않았습니다. 많은 사람들이 구매하는 로즈마리는 실제로 집에서 키우기 어려운 식물이었습니다. 로즈마리가 자라는 자생지는 지중해 연안으로, 햇볕을 충분히 받아야 하고, 물을 좋아하지만 과습에는 약하기 때문에 적당한 수분 조절이 참 어려웠습니다.

반면 바질과 딜과 같은 다른 허브들은 쉽게 키울 수 있어서 꾸준히 관심을 가지고 키우는 작물 중 하나가 되었습니다.

도시의 바쁜 일상 속에서 허브를 가꾸는 일이 단순한 취미를 넘어서 감정적으로 안정을 찾는 중요한 수단이 되었습니다. 허브의 신선한 향기가 집 안 가득 퍼지며 마음에 평온함과 안식을 선사했기 때문입니다. 라벤더, 민트, 카모마일과 같은 허브를 키우다 보니 어느새 꽃대가 자라고 씨앗까지 맺는 식물의 생장 사이클을 직접 경험할 수 있었습니다. 이 과정을 통해 작은 것에서 오는 큰 감동과 자연의 일부로 살아간다는 깊은 깨달음을 얻었습니다.

이렇게 허브의 매력에 빠지면서 다양한 허브 씨앗을 구입해 파종을 시작했습니다. 그러나 허브 씨앗을 심고 발아시키기까지는 상당한 시간이 소요되고, 민트나 카모마일 같은 허브의 씨앗은 아주 작아 물을 줄 때 씨앗이 떠내려가거나 다루기 어렵다는 사실을 알게 되었습니다.

그럼에도 허브는 계속해서 다양한 만족감을 선사하는 식물입니다. 대부분의 허브 화분은 크기가 작고 귀여워서 집 안 어디에 두어도 잘 어울리며, 방이 멋진 향기로 가득 찹니다.

더불어 허브는 다양한 요리에 활용되어 음식의 맛과 향을 크게 향상시킵니다. 직접 기른 허브는 시중에서 구매하는 것보다 향과 맛이 훨씬 뛰어나기 때문에 주변 지인들에게 추천했을 때 그들의 반응도 매우 긍정적입니다. 심리적인 안정감과 자연의 신비를 직접 경험하고자 한다면, 작은 허브 한 포기를 키워 보는 것을 적극 추천합니다.

음식에 감칠맛을 더하는 바질

1889년, 이탈리아 왕 움베르토 1세와 그의 부인 마르게리타가 나폴리를 방문한 일이 있었습니다. 이들을 환영하기 위해 이탈리아 국기를 상징하는 색상의 토핑으로 장식된 특별한 피자가 준비되었는데, 그 이름은 바로 '마르게리타'였습니다. 이 피자에 토마토, 치즈, 바질이 사용되면서 바질은 이탈리아 요리의 중요한 요소로 자리잡게 되었습니다. 바질은 여전히 이탈리아 요리에 없어서는 안 될 대중적인 허브 중 하나로 꾸준히 사랑받고 있는 식물입니다.

재배하기

바질은 재배하는 방법이 굉장히 간단합니다. 직접 씨를 뿌려 키우기에 매우 적합하지요. 하지만 만약 베란다 농부로서 첫걸음을 떼는 분이라면, 모종을 구매해 시작하는 것을 추천합니다. 바질 모종은 가격이 그다지 비싸지 않아서 경제적 부담도 크지 않습니다.

모종을 구입한 후에는 가능하면 바로 분갈이를 해서 화분에 옮겨 심는 것이 좋습니다. 그러나 분갈이가 어렵게 느껴진다면, 구매한 포트에

서 그대로 키워도 상관은 없습니다.

바질은 특별히 예민한 식물이 아니기 때문에 크게 신경 쓰지 않아도 잘 자랍니다. 햇볕이 잘 드는 곳에 바질을 두고, 흙이 마르면 물을 주는 것만으로도 충분합니다. 다만, 물을 너무 자주 주면 이파리가 과도하게 커지면서 향이 약해지고 성장이 멈출 수 있습니다. 그러므로 흙이 마를 때만 가끔 물을 주는 것이 좋습니다.

바질이 잘 자라서 키가 커지면 성장한 가지를 검지손가락 길이만큼 잘라주세요. 잘라 낸 가지에서 아래쪽 이파리들을 모두 제거하고, 가장 윗부분에 새롭게 난 이파리 2개 정도만 남겨 둡니다. 이렇게 잘라 낸 가지를 물에 꽂아 두는 것을 '삽목'이라고 합니다.

삽목 후 약 열흘 정도가 지나면 가지의 아랫부분에서 뿌리가 나오기 시작합니다. 이 뿌리가 자란 가지를 햇볕이 잘 드는 곳에 두고, 3~4일마다 물을 갈아 주세요. 이때, 투명한 컵을 사용하면 빛이 물에 닿으며 녹조가 생길 수 있습니다. 따라서 빛이 들어오지 않는 불투명한 컵을 사용하거나, 만약 투명한 컵을 사용하고 싶다면 물을 매일 갈아 주는 것이 좋습니다.

삽목한 가지의 뿌리가 어느 정도 풍성하게 자란다면 다시 흙으로 옮겨 키워도 좋고, 그대로 물에서 수경으로 키워도 잘 자랍니다. 다만 수경재배를 한다면, 물을 갈아 줄 때마다 영양제를 희석시켜 넣어 주세요. 물꽂이 삽목으로 계속해서 바질의 개체 수를 늘릴 수 있기 때문에 처음부터 모종을 많이 들여오지 않고도 풍성하게 바질을 키울 수 있습니다.

바질 삽목하기

① 바질이 어느 정도 크면 성장한 가지를 두 번째 손가락 길이만큼 잘라 주세요. 잘라 낸 가지의 이파리는 가장 윗부분에 새롭게 난 이파리 2개 정도만 남깁니다.

② 스펀지로 가지를 잘 감싸 물에 넣어 주세요. 컵은 불투명한 컵이 가장 좋습니다. 삽목 후 10일 정도가 지나면 새로운 뿌리가 자라납니다.

수확하기

바질의 향긋한 향은 베란다 농부들에게 큰 기쁨과 성취감을 선사해 줍니다. 또한 관리가 상대적으로 쉬워서 식물을 처음 돌보는 이도 어렵지 않게 키울 수 있습니다.

게다가 바질의 성장 속도는 꽤 빠릅니다. 뚜렷한 성장 변화를 빠르게 보고 느낄 수 있어 식물을 키우는 재미를 느낄 수 있습니다. 실제로 하루하루 지날수록 줄기의 높이와 이파리의 크기가 눈에 띄게 커져 있는 것을 볼 수 있습니다. 이렇게 빠른 성장 덕분에 모종을 구입해 직접 키우기 시작하면 수확의 기쁨도 그만큼 빨리 찾아옵니다.

다만 바질을 수확할 때는 특별한 주의가 필요합니다. 때로는 너무 성급하게 잎을 따려고 하다가 줄기를 손상시키거나, 심지어는 식물을 잘못 뽑는 상황이 발생할 수 있습니다. 한 손으로는 줄기를 잡고, 반대편 손의 엄지와 검지손가락에 힘을 주고 잎을 하나씩 떼어 내는 것이 좋습니다.

또 하나는 작은 쪽가위를 활용하는 방법입니다. 가위를 사용하면 잎을 보다 정교하고 안전하게 수확할 수 있으며, 식물이 받는 스트레스를 최소화할 수 있습니다. 바질 잎의 모양을 그대로 유지하면 요리에 활용하기도 좋지요. 바질의 잎 모양이 요리를 훌륭하게 장식하는 가니쉬 역할을 해 주기 때문입니다.

이처럼 바질은 키우기 쉽고 빠르게 성장해 초보자들에게 농사의 즐거움을 알려주는 신비로운 식물입니다. 바질은 요리에 특별한 향과 맛을 더해주며, 집 안을 생기 있고 풍성하게 만드는 데에도 큰 역할을 합니다.

바질 수확과 보관 방법

① 바질의 잎이 손바닥 정도 크기로 커지면 수확해 주세요.

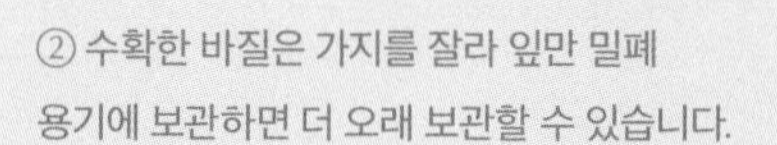

② 수확한 바질은 가지를 잘라 잎만 밀폐 용기에 보관하면 더 오래 보관할 수 있습니다.

요리하기

바질은 용도가 다양합니다. 생으로 먹어도 좋고 샐러드 위에 올리거나, 토마토와 모차렐라 치즈를 이용한 카프레제 위에 얹어 놓을 수도 있지요. 또 배달시킨 피자나 파스타 위에 올려 먹어도 신선한 맛을 더해 줍니다.

여러 활용법 중 저는 바질 페스토를 가장 추천합니다. 먼저 갓 딴 바질을 깨끗이 씻어서 준비합니다. 만약 수경 재배로 키웠다면 살짝 흐르는 물에 먼지만 씻어도 좋습니다.

그 다음 잣을 준비합니다. 잣은 달군 후라이팬에 아주 살짝 볶습니다. 잣은 준비한 바질의 양보다 조금 적게 준비하는 편이 좋습니다. 믹서기에 씻은 바질과 볶은 잣을 넣고, 올리브오일을 넣어 줍니다. 올리브오일은 너무 되다 싶으면 추가할 수 있으니 한 번에 많은 양을 넣지 않는 것을 추천합니다.

그리고 취향에 따라 마늘과 파마산 치즈를 넣으면 됩니다. 마늘은 통마늘을 넣어도 되고, 통마늘이 없다면 다진마늘도 괜찮습니다. 믹서기를 이용해서 바질과 잣이 충분히 갈릴 정도로 갈아줍니다. 중간에 스푼으로 저으며 너무 되직해졌다면 올리브오일을 조금씩 추가하면 됩니다. 적당한 점도로 바질과 잣이 잘 갈리면 바질 페스토 완성입니다.

직접 키운 바질로 만든 바질 페스토는 시중에서 구입하는 제품보다 향이 훨씬 뛰어납니다. 그리고 마늘이나 치즈를 기호에 맞게 추가할 수 있어서 내 입맛에 맞는 소스로 만들 수 있습니다. 이렇게 만들어진 바질 페스토는 카프레제에 살짝 얹어서 먹어도 좋고, 삶은 파스타 면에 섞어 제노베제 파스타를 만들어도 맛있습니다.

solroom's farming recipe
솔룸의
레시피

바질 페스토 만들기

재료: 바질 2컵, 파마산 치즈 ½컵, 올리브오일 ½컵, 다진 마늘 1티스푼,
잣 한주먹, 소금 1티스푼, 레몬즙 1티스푼

1. 바질은 잘 씻어서 물기를 없애고 준비한다.
2. 믹서기에 바질, 잣, 마늘, 치즈, 올리브오일을 넣고 간다.
3. 올리브오일로 농도를 조절한 뒤 소금과 후추로 간을 한다.

쉽고 맛있는 바질 페스토

① 바질, 올리브오일, 잣, 레몬즙만 있다면 손쉽게 바질 페스토를 만들 수 있습니다.

② 만든 바질 페스토를 카프레제 위에 올려 먹어 보세요. 맛이 한층 더 올라갑니다.

해산물 요리와 가장 잘 어울리는 딜

딜은 독특하고 상쾌한 향기로 한번 매료되면 쉽게 잊혀지지 않는 매력 넘치는 허브입니다. 원산지가 지중해 지역인 미나리과 식물인 딜은 특히 해산물 요리와 함께할 때 진가를 발휘합니다. 딜을 버터나 레몬즙과 같이 사용하면 생선 요리의 비린내를 효과적으로 중화시키는 동시에 요리의 맛을 한층 더 향상시켜 주지요. 최근에는 한 인기 있는 예능 프로그램에서 딜 버터를 만들어 먹는 모습이 방영되었고, 이로 인해 우리나라에서도 딜 허브의 매력에 빠진 이들이 많아졌습니다.

재배하기

매력적인 딜은 식탁 위 요리의 풍미를 살려줄 뿐만 아니라, 집에서 직접 키우기에도 그리 어렵지 않은 작물입니다. 적당한 양의 햇빛과 물만 있다면 어려움 없이 잘 자라는 특성을 가지고 있어 초보 베란다 농부들에게 추천하는 작물입니다. 다만 딜은 햇빛을 매우 좋아하기 때문에 집 안에서도 빛이 가장 잘 드는 곳을 선택해 키워야 한다는 점을 기억해 주세요.

딜에 물을 줄 때는 흙이 마를 때마다 충분히 주되, 너무 자주 물을

줘 뿌리가 썩거나 잎이 가늘게 자라는 것을 주의해야 합니다. 만약 물 관리가 어렵다고 느껴진다면 토분을 사용하는 것도 좋지만, 꽃대가 올라올 때 쉽게 제거할 수 있도록 가벼우면서도 관리가 편리한 플라스틱 화분을 사용하는 것을 더 추천합니다. 화분에는 기존의 상토나 배양토에 펄라이트와 같은 통기성이 좋은 흙을 혼합하여 사용하면 좋습니다.

성장 조건에 맞추어 잘 관리한다면 딜은 작은 화분에서도 50센티미터 이상 크기도 하니 깊은 화분을 추천합니다. 성장 과정에서 고온과 직사광선을 피하는 것이 매우 중요합니다. 이렇게 함으로써 꽃대가 올라오는 시기를 지연시킬 수 있습니다. 꽃대가 발생하면 딜의 성장이 멈추기 때문에 딜의 향긋한 맛과 향을 오래도록 유지하고 싶다면 이 작업을 꾸준히 해 주세요.

수확하기

딜의 독특하고 강렬한 향을 유지하고 더욱 강화하기 위해서는 꽃대가 올라오기 전에 수확해야 합니다. 꽃이 피기 전에 수확해야 향이 훨씬 더 진하며 질감도 부드럽습니다.

줄기째 수확할 때는 식물의 가장 바깥쪽부터 시작해 주세요. 딜의 잎은 그 자체로 매우 가늘고 부드러워 손으로 쉽게 뜯어낼 수 있으나, 식물의 다른 부분이나 뿌리를 손상시키지 않아야 합니다. 만약 손으로 뜯기 어렵다면 작은 쪽가위 등을 사용하여 식물에 가능한 한 상처를 남기지 않도록 조심스럽게 잘라 내는 것이 바람직합니다.

딜을 좀 더 풍성하게 키우기 위해 전체 가지의 3분의 2 정도를 잘라 내 주세요. 이렇게 하면 남은 가지에서 새로운 잎이 더욱 튼튼하고 풍성하게 자랍니다. 주기적으로 이 작업을 계속 해 준다면 딜의 성장을 촉진시키며 신선한 잎을 간편하게 수확할 수 있습니다. 또한 수확한 가지의 줄기를 다듬을 필요 없이 신선한 잎을 따 먹으면 됩니다.

수확 후에는 딜의 신선도가 변할 수 있으므로 빠른 시간 내에 사용하거나 적절하게 보관하는 것이 필수입니다. 딜을 오랫동안 신선하게 보관하고 싶다면 밀봉하여 냉장 보관하는 방법이 가장 효과적입니다. 이 방법으로 딜의 향과 신선도를 장기간 유지할 수 있으며, 요리할 때 딜의 맛과 향을 극대화할 수 있습니다.

딜을 더 이상 키우고 싶지 않다면 꽃대가 올라오고 씨앗이 맺히기까지 기다린 후, 씨앗이 맺힌 꽃대를 제거하고 뒤집어서 말리며 보관합니다. 씨앗이 필요할 때 가지를 털어 낸 뒤 그 씨앗을 다시 심으면 됩니다. 이렇게 하면 나중에라도 신선한 딜을 즐길 수 있습니다.

딜 파종부터 수확까지

① 딜은 씨앗으로 키우기 좋은 식물입니다. 그로단 혹은 젖은 흙에 씨앗을 심어 주세요.

② 1~3주가 흘러 새싹이 모습을 드러내면 화분으로 옮겨 주세요.

③ 4~6주 사이 이파리와 뿌리를 볼 수 있습니다.

④ 7~8주가 되면 더 크고 깊은 화분으로 분갈이를 해 주세요. 이때 가지가 꺾이지 않도록 지지대를 추가해 주세요.

⑤ 딜에 꽃대가 올라오기 전 수확해야 합니다. 만약 더 이상 딜을 키우고 싶지 않다면 꽃대가 올라오고 씨앗이 맺히면 그것을 모아 보관해 보세요.

요리하기

딜은 독특한 향으로 특히 해산물 요리와의 궁합이 뛰어난데, 딜을 추가하면 생선 구이의 냄새를 효과적으로 줄이고 맛을 더욱 깊고 풍부하게 만들어 줍니다. 또한, 딜은 요거트를 곁들인 감자 샐러드나 생크림과 함께하는 오이 샐러드에서도 독특한 매력을 발휘합니다. 딜을 넣음으로써 각 재료의 맛이 조화롭게 어우러지며 평범할 수 있는 요리에 특별한 풍미를 선사합니다.

딜을 활용하는 방법 중 하나로 적극 추천하고 싶은 요리는 '딜 버터'입니다. 만드는 방법은 아주 간단하지만 요리에 깊은 풍미를 더해 주는 큰 역할을 하기 때문입니다.

부드러운 버터에 잘게 다진 딜을 섞고, 취향에 따라 신선한 레몬즙을 약간 추가하는 것만으로도 딜 버터가 완성됩니다. 이렇게 준비된 딜 버터는 유산지에 싸서 냉장 보관하고, 필요할 때마다 사용하면 요리의 맛을 한층 더 올릴 수 있습니다. 아침 식사용 토스트에 발라 먹거나, 스테이크와 구운 채소 위에 올려 고급스러운 맛을 더하는 등 다양하게 활용할 수 있습니다.

또한 신선한 샐러드 드레싱이나 마리네이드 소스를 만드는 것도 좋습니다. 올리브오일과 함께 신선한 딜을 믹서에 갈아, 소금과 후추로 간을 맞추면 간단하면서도 맛있는 드레싱과 마리네이드가 만들어집니다. 완성된 소스는 발사믹 식초와 섞어 고기나 생선을 재우는 데 사용해도 좋습니다.

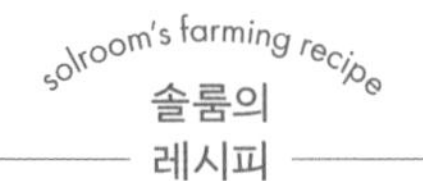

딜 버터 만들기

재료: 딜 10그램, 가염버터 450그램, 레몬제스트 약간(혹은 레몬즙 1티스푼)

1. 버터는 말랑말랑해질 때까지 상온에 둔다.
2. 딜은 잎을 잘게 다진다.
3. 말랑말랑한 버터에 딜과 레몬제스트를 넣고 섞는다.
4. 종이호일이나 유산지에 버터를 넣고 말아 냉장고에 보관한다.
5. 필요할 때마다 썰어 활용한다.

딜을 활용한 요리

① 버터에 잘게 다진 딜을 넣고, 신선한 레몬즙을 넣어 주면 딜 버터 완성입니다.

② 식빵에 크림치즈를 바르고 오이와 딜을 얹어 먹어 보세요.

눈으로 즐기고 입으로 즐기는 카모마일

카모마일은 국화과에 속하는 식물로, 작고 청초한 흰색 꽃을 피우는 것으로 잘 알려져 있습니다. 꽃의 모양새는 데이지와 유사하며, 꽃이 만개할 때 중심부가 볼록하게 솟아나는 특징이 있습니다. 카모마일이 많은 사람들에게 사랑받는 이유는 향긋한 향과 부드러운 맛 때문 아닐까요?

재배하기

카모마일의 씨앗은 매우 작으며, 발아 과정에서 빛을 필요로 하는 '광발아 종자'에 속합니다. 이는 씨앗을 파종할 때 땅 위에 옅게 펴주어야 함을 의미하며, 이 과정에서 씨앗이 물에 떠내려가거나 흙 속으로 너무 깊게 묻히는 것을 방지해야 합니다.

이러한 번거로움을 피하기 위해 인조광물성 섬유인 '그로단'을 사용하는 방법이 있습니다. 물 흡수 능력이 뛰어나 씨앗 파종에 활용하면 좋은 배지 중 하나입니다. 혹은 '지피펠렛'을 활용해도 좋습니다. 지피펠렛은 피트모스를 압축한 것으로 물에 적시면 부풀어 오르며, 마찬가지로 물 흡수에 탁월하지요. 이러한 배지에 씨앗을 뿌리고, 싹이 발아하면 화

씨앗부터 시작하는 카모마일 키우기

① 카모마일 씨앗은 매우 작습니다. 흙에 심을 때는 얕게 펴주세요.

② 새싹이 작게 올라오면 튼튼하지 않은 새싹을 뽑아 새싹 간 거리를 넓혀 주세요.

③ 새싹을 하나하나 따로 옮겨 심는 방법도 있습니다.

분으로 옮기는 것도 좋은 방법입니다. 뿌리가 확실히 자리 잡으면 통풍이 잘 되는 곳에서 자라게 하고, 씨앗을 여러 개 심었다면 정기적으로 '솎아내기'를 해 줘야 건강하게 자랄 수 있습니다. 만약 이 과정이 번거롭다면 씨앗이 아닌 모종부터 키우는 것도 좋은 대안이 될 수 있습니다.

카모마일은 집에서도 잘 자라는 식물입니다. 적절한 햇빛과 적절한 물을 제공하면 어렵지 않습니다. 다만 카모마일의 줄기가 매우 가늘기 때문에 물을 줄 때 줄기가 흙에 묻히지 않도록 신경 써야 합니다.

잘 자란 카모마일은 향긋한 향과 부드러운 맛뿐만 아니라 다양한 이점을 제공하여 많은 사람들에게 사랑받습니다. 카모마일 꽃은 생김새도 매력적이지만, 차로 우려내 마시면 스트레스 해소와 불안 감소에 도움을 줄 수 있으며, 소화 촉진과 수면 개선에도 긍정적인 영향을 미칩니다. 또한 항염증 효과가 있어 감기나 기타 염증성 질환 완화에도 도움이 됩니다.

수확하기

카모마일 수확의 기쁨은 베란다 농부에게 특별한 경험이 됩니다. 아름다운 꽃이 만개하면 이 시기가 바로 수확의 절정기임을 알려 줍니다. 성공적인 실내 재배를 위해서는 15도에서 25도 사이의 온도를 유지하는 것이 중요합니다. 이상적인 온도 범위를 잘 유지하면 카모마일 재배는 생각보다 어렵지 않습니다.

카모마일의 수확 시기는 꽃잎이 완전히 펼쳐지고 활짝 필 때입니다. 이때, 꽃잎이 풍성하고 색상이 선명한 꽃을 선별하여 수확하는 것이 좋습니다. 선명한 색상과 풍성한 꽃잎은 카모마일의 특유한 향기와 맛을 더욱 진하게 만듭니다. 꽃잎 바로 아랫부분을 조심스럽게 꼬집어 꽃을 따 주세요. 이 과정에서 꽃잎이 손상되지 않도록 부드럽게 다루는 것이 매우 중요합니다.

수확한 꽃은 직사광선을 피해 공기가 잘 통하는 서늘한 곳에서 말립니다. 꽃들이 서로 겹치지 않도록 충분한 공간을 확보해 줘야 건조가 잘 됩니다. 꽃이 완전히 말라 바삭한 질감이 될 때까지 기다렸다가, 밀폐된 용기에 보관하면 카모마일의 향과 맛을 장기간 유지할 수 있습니다.

빠른 건조를 원한다면 식품건조기를 사용하는 것도 좋습니다. 다만 식품건조기를 사용할 경우 저온에서 천천히 건조시켜 카모마일의 향이 날아가지 않도록 주의해야 합니다. 카모마일을 수확하고 건조하는 동안 그 향기를 맡으며, 집 안에서 꽃을 보는 즐거움과 함께 일상 속에서의 작은 성취감을 느낄 수 있습니다.

요리하기

카모마일은 상큼하고 풋풋한 사과 향과 더불어 부드럽고 상쾌한 맛이 느껴지는 허브입니다. 주로 차로 즐겨 마시며, 잠을 유도하는 효과가 있어 숙면에 도움을 준다고 알려져 있습니다. 또한 카모마일 차는 소화를 촉진하는 데에도 효과적입니다.

특히, 카모마일 꽃을 수확하여 식품건조기로 일정하게 건조시킨 후,

카모마일 수확 시기

① 카모마일은 꽃잎이 완전히 펼쳐지고 활짝 필 때 수확해 주세요. 꽃잎 바로 아래를 조심스럽게 꼬집어 따면 쉽게 수확할 수 있습니다.

② 시간이 지날수록 피는 꽃의 수가 늘어납니다.

생분해 가능한 티망에 넣어 따뜻한 물에 우려내어 마시는 것을 추천합니다. 카모마일차에 꿀이나 레몬을 추가하면 쌀쌀한 날씨에 몸이 따뜻해지거나, 몸 컨디션이 좋지 않을 때 몸과 마음이 가뿐해지는 효과를 경험할 수 있습니다.

하지만 카모마일은 단순히 차로 마시는 것을 넘어서 독특한 향 덕분에 요리의 맛을 한층 업그레이드시키는 재료로 활약합니다. 디저트, 샐러드, 칵테일 등 다양한 요리에 그 향을 더해 요리의 맛을 풍부하게 만듭니다. 건조된 카모마일을 샐러드에 더하거나 파스타, 생선 요리와 함께 볶아 내는 등 다양한 방법으로 활용할 수 있습니다.

카모마일의 또 다른 활용법은 카모마일 꽃잎을 디저트 장식이나 아이스크림에 살짝 뿌리는 것입니다. 이는 음식에 독특한 향과 맛을 더하며, 시각적으로도 아름다운 요리를 완성시킵니다.

카모마일 티백 만들기

재료: 카모마일 꽃 원하는 만큼, 소금, 건조기, 티백망

1. 카모마일 꽃을 잘라 깨끗이 씻는다.
* 소금물에 살짝 담궜다 씻어서 말리면 벌레를 막을 수 있다.
2. 건조기에 넣어 낮은 온도로 2시간 말리고 식히기를 반복한다.
3. 건조기에 넣어 꽃이 완전히 건조되면 티백망에 넣어 보관한다.

카모마일 티백 만들기

① 수확한 카모마일 꽃은 공기가 잘 통하는 서늘한 곳에서 말려 주세요. 건조기를 사용해도 좋습니다.

② 잘 말린 카모마일을 티백망에 넣어 주세요.

번식력이 강한 페퍼민트

외출하고 집으로 돌아와 집 안 가득 퍼지는 페퍼민트의 상큼한 향기를 맡으면 그 자체로 피로를 해소하고 마음을 진정시키는 효과가 있습니다. 페퍼민트의 멘톨 성분 덕분에 창문을 열거나 손으로 잎을 살짝 문지르기만 해도 시원하고 상쾌한 향이 집 안을 가득 채웁니다. 수확한 직후에는 마치 고급스러운 디퓨저를 사용한 것처럼 향이 오랫동안 지속됩니다.

재배하기

페퍼민트는 키우기 매우 수월한 허브입니다. 실내는 물론이고 추운 겨울에도 베란다에서 잘 자랄 정도로 성장세가 좋습니다. 특히 번식력이 강해 제한 없이 자라게 두면 여기저기로 빠르게 퍼져 나갑니다. 이는 줄기가 흙 속에 살짝만 누워 있더라도 금세 뿌리를 내리기 때문입니다. 소량의 몇 포기만으로 농사를 시작하더라도 얼마 지나지 않아 풍성한 페퍼민트를 즐길 수 있습니다.

페퍼민트의 씨앗은 크기가 매우 작아 바람이 없는 곳에서 핀셋으로 조심스럽게 다루기를 추천합니다. 또한, 페퍼민트는 수확 시기를 놓치면

22.9 ℃
62 %
14 40

키가 급격히 커져 관리가 어려워질 수 있습니다. 이를 방지하기 위해 새순을 자주 잘라 페퍼민트가 건강하게 자랄 수 있도록 관리하는 것이 중요합니다. 가지치기를 통해 바람이 잘 통하게 해 주면, 페퍼민트가 더욱 튼튼하게 자라납니다.

가지치기한 페퍼민트의 줄기를 잘라 '삽목'하면 페퍼민트를 쉽게 번식시킬 수 있습니다. 흙 속에 바로 심어도 좋고, 물에 줄기를 꽂아 뿌리를 내리는 것도 좋습니다. 다만 물속에 줄기를 담아둘 때는 물이 담기는 부분은 이파리가 남아 있지 않도록 제거하고 위쪽에만 조금 남기는 것이 좋습니다. 물에 닿은 잎은 썩기 때문입니다.

페퍼민트를 집 안에 들이면, 방이 상쾌한 향으로 가득 찰 뿐만 아니라 자연과의 교감을 경험할 수 있습니다. 페퍼민트가 가진 상큼하고 시원한 향은 마음을 진정시키고 실내 공기를 개선하는 데에도 탁월합니다.

수확하기

페퍼민트를 수확하는 가장 좋은 시기는 꽃이 피기 직전입니다. 이 시기에 페퍼민트의 향기 성분이 최고조에 달해 향긋한 향과 맛을 최대한 즐길 수 있습니다. 페퍼민트는 콩나물처럼 금세 쑥쑥 자라기 때문에 원하는 길이가 되었다면 상단 부분부터 줄기의 약 3분의 2 지점까지 자주 잘라 주는 것이 이상적입니다.

이 과정에서 가위를 사용하여 페퍼민트의 줄기를 잘라 냅니다. 중요

페퍼민트 튼튼하게 키우는 방법

① 페퍼민트가 자라기 시작하면 새순을 자주 잘라 주세요. 그래야 급격히 커지는 것을 방지할 수 있습니다.

② 가지치기를 해 줄기를 삽목해 보세요. 물에 줄기를 꽂아 뿌리를 내리기만 하면 쉽고 빠르게 페퍼민트를 번식시킬 수 있습니다.

한 점은, 이때 페퍼민트의 뿌리가 뽑히거나 줄기가 꺾이지 않도록 주의를 기울여야 합니다. 잘라 낸 줄기는 아랫부분을 남겨두는 것이 중요한데, 이는 식물이 계속해서 자라나는 데 도움을 줍니다. 페퍼민트는 재배 과정에서 손쉽게 잘라 내고 관리할 수 있는 특성을 갖고 있으며, 이러한 특성 덕분에 해가 지나도 끊임없이 성장합니다. 연중 한두 번 비료를 추가로 제공하면 식물의 건강과 성장에 더욱 도움이 됩니다.

수확한 페퍼민트는 먼저 흐르는 물에 살짝 씻은 후, 물기를 완전히 제거해 주세요. 물기를 제거한 페퍼민트를 신문지나 종이 타월에 싸서 밀폐된 용기에 넣어 냉장 보관하면 신선도를 오래 유지할 수 있습니다. 또는 식품건조기를 이용하여 건조시켜 밀폐 용기에 담아 실온에 보관하는 것도 하나의 방법입니다.

건조시킨 페퍼민트는 보관이 용이하며, 필요할 때마다 다양한 요리나 차로 사용하여 그 풍미를 더할 수 있습니다. 건조 과정에서 페퍼민트의 향을 집약시키기 때문에 더욱 강한 향기가 느껴지지요. 적절히 수확하고 보관한다면 페퍼민트를 최대한 오래 활용할 수 있습니다.

요리하기

페퍼민트는 상쾌하고 청량감 넘치는 향으로 차뿐만 아니라 디저트, 심지어 메인 요리에 활용하기까지 다양한 방식으로 식탁을 풍성하게 만들어 줍니다. 이 근사한 허브는 케이크나 초콜릿, 아이스크림 위에 올려 맛을 한층 더 업그레이드 시키는 데에 아주 좋고, 각종 스테이크나 구이 요리에 가니쉬로 활용하면 불쾌한 잡내를 없애 주는 동시에 향긋한 풍미를 더해 요리를 한층 더 돋보이게 만듭니다.

하지만 페퍼민트를 활용하는 방법 중에서도 개인적으로 가장 추천하고 싶은 방법은 음료로 마시는 것입니다. 그 이유는 만들기도 쉽고 소화를 촉진시켜 주며, 기분을 상쾌하게 해 주는 놀라운 효과 때문입니다.

카페에 가면 커피 종류에 비해 차 종류가 상대적으로 적은 경우가 많지만, 그럼에도 거의 모든 카페에서 쉽게 만날 수 있는 차가 바로 페퍼민트차입니다. 이는 제한된 차 종류 중에서도 페퍼민트 음료가 특히 인기가 많고 다양한 사람들의 취향을 만족시킬 수 있는 호불호가 적은 품목임을 의미하지요.

페퍼민트 음료는 따뜻하게 먹는 차와 차갑게 먹는 에이드를 추천합니다. 먼저 따뜻한 페퍼민트차는 소화를 돕고, 스트레스를 완화하는 데 탁월한 효과가 있습니다. 수확한 페퍼민트 잎을 신선하게 사용하거나 건조시켜 사용할 수 있습니다.

신선한 페퍼민트 잎 10장 또는 건조된 페퍼민트 1티스푼을 준비합니다. 먼저, 찻잔에 페퍼민트를 넣고 끓인 물을 부어 줍니다. 페퍼민트가 물속에서 3~5분간 우러나면 향긋한 페퍼민트차가 완성됩니다. 이 차는 몸을 따뜻하게 해 주고 마음을 진정시키는 효과가 있어 특히 추운 날씨나 몸이 좋지 않을 때 마시면 좋습니다.

다음으로는 시원한 페퍼민트 음료를 만드는 방법입니다. 페퍼민트 에이드는 여름철 시원하게 즐길 수 있는 음료로, 기분 전환과 함께 상쾌함을 제공합니다. 신선한 페퍼민트 잎 10장, 레몬 1개, 꿀 또는 설탕 1~2

티스푼, 탄산수를 준비합니다. 먼저, 페퍼민트 잎을 손으로 살짝 찢어 향을 낸 후 잔에 넣습니다. 레몬은 얇게 잘라 잔에 넣고, 꿀이나 설탕으로 단맛을 조절합니다. 마지막으로 탄산수를 부으면 상큼하고 시원한 페퍼민트 에이드 완성입니다. 이 음료는 무더운 여름날 몸과 마음에 활력을 불어넣어 줍니다.

페퍼민트는 수확량이 풍부한 편이라 수확한 후에는 식품 건조기로 말려 선물로 많이 활용되곤 합니다. 이처럼 다재다능하게 사용되는 페퍼민트는 우리의 일상에 상쾌함과 향긋함을 더해 주는 마법과도 같은 존재입니다.

페퍼민트 티백 만들기

재료: 페퍼민트 원하는 만큼

1. 페퍼민트를 깨끗이 씻어 물기를 제거한다.
2. 건조기에 페퍼민트를 잘 펼친다.
3. 낮은 온도로 2시간 말리고 식히기를 반복한다.
4. 잎이 완전히 건조되면 지퍼백이나 유리병에 담아 보관한다.

페퍼민트 차로 만들기

① 페퍼민트를 말려서 차로 활용해 보세요. 건조된 페퍼민트 1티스푼이면 충분합니다.

② 티백망에 넣어 우리면 더 간편하게 차를 마실 수 있습니다.

7장

없어서는 안 될 잎·줄기채소류

유년시절 저의 입맛은 참 까다로웠습니다. 식사 시간은 늘 힘들었고, 학교 급식 시간은 특히 더 그랬습니다. 부모님은 제가 좋아하지 않는 쌈 채소의 끄트머리 줄기나 국이나 탕 속의 대파 같은 것들을 빼고 주셨습니다. 하지만 학교에서는 그렇게 해 줄 수 없었지요. 그 결과, 저의 식판에는 늘 잔반이 조금씩 남았고, 이로 인해 선생님으로부터 꾸중을 듣는 일도 잦았습니다. 선생님은 '농부의 마음'을 이해하면 모든 음식을 남김없이 먹게 될 것이라고 말씀하셨지만, 도시에서 자란 어린 저에게 농부의 삶이란 멀고도 낯선 이야기였습니다.

시간이 흘러 어른이 되어 직접 작물을 키우면서 농부의 마음이 무엇인지 조금씩 이해되기 시작했습니다. 제가 직접 키운 채소로 만든 요리를 앞에 두고 잔반을 남기는 일이 사라졌습니다. 더욱이 가족 중 누군가가 조금이라도 음식을 남길 때, 그 원망스러운 마음을 이해하게 되었습니다. '이것이 바로 농부의 마음이구나' 싶었지요.

하지만 이러한 마음을 모든 이가 이해하기는 쉽지 않습니다. 제가 초보 베란다 농부를 위해 홈파밍 작물과 간단한 재배 방법을 소개하기는 해도, 실제로 식물을 집 안에서 기르는 것은 생각보다 많은 노력과 관심이 필요합니다.

도시에서 바쁜 일상을 보내는 사람들에게는 마음의 여유를 찾는 일이 쉽지 않습니다. 저 역시 몸과 마음이 지친 후에야 식물과 함께하는 삶의 가치를 깨달았으니까요. 육아나 반려동물만큼은 아니더라도, 식물 역시 애정과 관심을 쏟아야 합니다. 따라서 처음에는 어려움이 있겠지만 일단 시작하면 그 매력에 푹 빠지는 것은 시간문제입니다.

베란다 농사에 첫발을 딛는 이들이나 일상에 지친 친구들에게 어떤 작물을 추천해야 할지 고민하다가, 저는 '대파'를 권하게 되었습니다. 대파는 키우기 쉬울 뿐만 아니라 성장 속도가 빠르고 수확의 기쁨도 크기 때문입니다. 실제로 대파는 하루 만에 눈에 띄게 자라는 모습을 볼 수 있어 홈파밍 작물 중에서도 특히 보람찬 선택입니다.

대파 키우기로 재미를 보았다면 미나리, 쑥갓, 부추와 같은 다양한 잎과 줄기 채소를 키우는 여정으로 쉽게 이어질 것입니다. 한 번의 시도로 빠른 성장을 경험할 수 있으며, 소량의 씨앗으로도 풍성한 수확이 가능해 확실한 보상을 느낄 수 있습니다.

물가는 계속해서 상승하고, 날씨 또한 예측하기 어려운 변화를 보이고 있습니다. 이러한 변화는 채소 가격에 직접적인 영향을 미치며, 종종 높은 가격임에도 상태가 좋지 않은 채소를 구매해야 하는 상황에 놓이기도 합니다. 이때, 직접 키운 신선한 채소를 수확하는 것은 매우 큰 만족감을 줍니다.

이처럼 베란다 농사는 단순히 식물을 키우는 활동을 넘어서 우리의 삶에 긍정적인 영향을 끼치는 중요한 활동입니다. 직접 채소를 키우면서 생산하는 삶의 가치를 느낄 수 있습니다.

'파테크' 가능한 대파

대파는 우리 식탁에 빠지지 않는 채소이며, 향긋한 맛과 풍미로 다양한 요리에 활용됩니다. 게다가 돌아서면 큰다고 느껴질 정도로 키우기 쉬운 작물입니다. 한 번 심으면 뿌리를 활용해 계속 키울 수 있다는 장점까지 있습니다. 맛있고 경제적인 채소라고 할 수 있지요.

재배하기

대파 키우기는 마트에서 구매한 싱싱한 대파 한 단을 사면 끝일 정도로 준비가 간단합니다. 뿌리가 건강하고 대가 튼실한 대파를 골라, 뿌리 부분을 약 10센티미터 정도로 잘라 줍니다. 줄기 부분은 요리에 이용하고, 뿌리 부분만 다시 심어 주세요. 뿌리가 풍성하고 길다고 더 잘 자라는 것이 아니기 때문에 뿌리는 2~3센티미터 정도만 남기고 짧게 다듬는 것이 좋습니다.

대파는 토경과 수경을 가리지 않고 모든 재배 방식에서 잘 자랍니다. 베란다 농사를 처음 도전하거나, 간편하게 작물을 키워보고 싶다면 먼저 수경 재배를 추천합니다. 깔끔히 정리한 대파 뿌리가 담길 정도까지

남은 뿌리로 대파 키우는 법

① 대파를 먹고 뿌리 부분을 약 10센티미터 정도 남겨 주세요.

② 뿌리를 2~3센티미터 정도로 짧게 다듬습니다.

③ 다듬은 대파를 뿌리가 다 덮이도록 흙에 심어 주세요. 만약 수경 재배로 키운다면 물을 매일 갈아주세요.

물에 넣어 주면 끝입니다. 이때 주의할 점은 물을 매일 갈아줘야 한다는 것 외에는 없습니다. 물을 매일 갈아주는 이유는 파 향이 독하고 뿌리 쪽의 대가 무를 수 있는 것을 방지하기 위함입니다. 이렇게 물만 잘 갈아주더라도 오랫동안 파를 수확하며 즐길 수 있습니다. 다만 수경 재배로 키울 때는 여타 영양제를 주는 것도 아니고, 물에서 키우기 때문에 대가 물러지면서 2~3회 정도로 수확의 횟수가 적어집니다.

수경 재배 방식으로 파 키우는 재미를 봤다면 다음은 흙에서 키우는 토경 재배를 추천합니다. 대파는 일반적인 한해살이 식물과 다르게 오랫동안 키울 수 있는 다년생 식물의 성향을 가지고 있습니다. 건조한 환경에서 잘 자라므로, 배수가 잘 되는 흙을 선택해 주세요. 또한 흙이 완전히 마르기 전까지는 물을 주지 않는 것이 좋습니다. 이렇게 관리하면 대파는 더욱 건강하게 자라납니다.

대파 키우기는 비교적 간단한 과정임에도 그 결과는 풍성합니다. 대파 한 포기가 가지고 있는 새로운 가능성을 발견하는 것부터 시작해, 건강하고 신선한 대파를 직접 수확하는 경험은 분명 특별한 만족감을 선사할 것입니다.

수확하기

대파는 줄기가 충분히 굵어질 때까지 기다리는 것이 중요합니다. 우리가 시장에서 사는 대파만큼 자라면 그때부터 언제든지 수확하여 요리에 활용할 수 있습니다.

수확은 처음 대파 뿌리를 심었던 마디 근처에서 한 줄기씩 가위로 잘라 내는 것이 좋습니다. 이렇게 하면 그 줄기에서 새로운 대파가 다시 자라나는 모습을 볼 수 있습니다. 만약 많은 양의 대파가 필요하다면 한 단 전체를 마디 근처에서 절단하면 됩니다. 이 경우에도 새로운 대파가 자라나기 때문에 걱정할 필요가 없습니다.

그러나 줄기가 너무 얇거나 적은 상태에서 수확을 하면 대파의 양이 적을 뿐만 아니라 새로 자라나는 대파도 얇고 가늘게 자라날 수 있습니다. 따라서 대파가 충분히 굵어진 후에 수확하는 것이 바람직합니다.

수확한 대파는 흙과 먼지를 깨끗이 씻어내고 물기를 제거한 후 신선도를 유지하기 위해 종이 타월로 감싸서 냉장 보관하는 것을 추천합니다. 대파를 세워서 보관하면 공간을 효율적으로 사용하면서 대파를 좀 더 오래 보관할 수 있습니다. 또한 뿌리까지 수확했다면 뿌리 부분에 물을 적신 키친타올을 둘러서 밀폐용기에 세워 냉장 보관하면 훨씬 더 오래 신선하게 보관할 수 있습니다.

실내에서 대파를 키운다면 더운 여름이나 추운 겨울철에도 어렵지 않게 재배가 가능합니다. 집에서 손쉽게 키운 대파를 수확하여 요리를 하면, 더욱 신선하고 그 맛과 향이 정말 강렬하게 느껴집니다.

대파 오래 보관하는 법

대파는 한 줄기씩 가위로 잘라 주세요. 물기를 제거한 뒤 종이 타월로 감싸 냉장 보관하면 더 오래 먹을 수 있습니다.

요리하기

대파는 주방에서 빼놓을 수 없는 만능 식재료입니다. 그 특유의 매콤하고 신선한 맛은 요리를 한층 깊게 만들어 줍니다. 대파는 단순한 조미료를 넘어서 메인 요리로도 손색이 없으며, 특히 한국 요리에서 빠질 수 없는 핵심 재료로 사용법은 무궁무진합니다. 국이나 찌개 등의 국물 요리는 물론 볶음, 구이, 튀김 요리에 이르기까지 활용도가 매우 높습니다.

대파를 주재료로 한 대표적인 요리 중 하나는 바로 대파계란밥입니다. 이 요리는 대파의 향긋함과 계란의 부드러움이 조화를 이루어 간단하면서도 영양가 높은 한 끼를 완성시켜 줍니다. 대파를 잘게 썰어 준비한 뒤, 중불로 달군 팬에 올리브유를 두르고 볶습니다. 대파가 투명해지고 부드러워지면 도넛 형태를 만든 후, 계란을 중앙에 넣습니다. 계란이 반숙 상태로 익으면 밥 위에 얹어 간장이나 참기름, 들기름을 개인의 취향에 맞게 넣어 비벼 먹으면 됩니다. 간단한 조리법이지만 든든한 한 끼 식사입니다.

다음으로 소개할 대파 요리는 대파김치입니다. 대파김치는 기존의 김치와는 다르게 대파의 아삭한 식감과 향긋함이 돋보이는 반찬입니다. 대파는 4~5센티미터 길이로 썰어 볼에 담고, 액젓으로 살짝 절인 뒤 다진 마늘, 고춧가루, 매실청, 통깨 등을 넣어 잘 버무립니다. 이렇게 만든 대파김치는 고기 요리나 구이와 함께하면 그 맛이 배가 되며, 식탁 위의 다른 반찬이 필요 없을 정도로 별미입니다.

또한 대파는 빵과도 잘 어울리는 재료입니다. 대파를 잘게 다져서 팬에 볶아 크림치즈와 섞은 뒤 베이글이나 식빵, 바게트 등에 발라 먹으면 색다른 맛의 조합을 즐길 수 있습니다. 이 외에도 참치, 베이컨과 같은 재료를 함께 조합해 비스킷에 올려 먹으면 특별하고 맛있는 핑거푸드가 됩니다.

비 오는 날에는 대파의 향이 돋보이는 파전을 만들어 보는 것도 좋습니다. 대파와 해물 또는 고기를 넣어 만든 파전은 비 오는 날의 정취를 더하며, 온 가족이 모여 따뜻한 식사를 즐기기에 안성맞춤입니다. 이렇듯 대파는 사용 가능한 요리가 무궁무진하기 때문에 모두가 즐길 수 있습니다.

대파김치 만들기

재료: 대파 5대, 멸치액젓 1티스푼(혹은 참치액젓 1스푼), 매실청 1티스푼, 다진 마늘 1티스푼, 통깨 1~2꼬집

1. 대파는 4~5센티미터 길이로 잘라 볼에 담습니다.
2. 대파가 숨이 죽지 않을 정도로 액젓에 살짝 절입니다.
3. 절인 대파에 다진 마늘, 고춧가루, 매실청, 통깨를 넣고 버무립니다.

대파를 활용한 요리

① 대파계란밥은 대파가 주재료인 요리입니다. 계란과 대파만 있으면 누구나 만들 수 있습니다.

② 요즘 유행하는 대파 크림치즈는 대파를 잘게 잘라 볶은 뒤 크림치즈와 섞으면 완성입니다.

자주 수확해야 하는 미나리

미나리는 상큼한 맛과 풍부한 영양소로 우리 식탁을 풍성하게 만드는 대표적인 채소입니다. 또한 해독 작용에 뛰어나 숙취 해소와 간 건강에도 도움을 준다고 알려져 있습니다. 이처럼 다양한 매력을 지닌 미나리를 집에서 직접 키운다면, 건강은 물론이고 도시 생활에서의 작은 즐거움까지 얻을 수 있습니다.

미나리는 크게 돌미나리와 일반 미나리로 구분됩니다. 돌미나리는 주로 건조한 밭이나 습지에서 자라고, 키가 비교적 작고 잎이 무성하며 향이 진합니다. 반면, 일반 미나리는 물이 잠겨 있는 논에서 재배되고, 키가 크고 줄기가 길며 우리가 마트에서 흔히 보는 형태입니다. 이 두 종류의 미나리는 자라는 환경에 따라 특징이 달라집니다.

재배하기

집에서 미나리를 키우는 방법은 생각보다 간단합니다. 대파 키우기와 마찬가지로 먼저 마트에서 구매한 미나리의 줄기를 활용합니다. 줄기를 손가락 두세 마디 길이로 잘라 물에 꽂아 둡니다. 다만 대나무 줄기에 꺾이

는 부분과 같이 미나리 줄기에도 꺾이는 부분이 있는데 이 부분이 물에 잠기도록 잘라서 담가야 합니다.

매일 아침저녁으로 물을 갈아 주면 약 열흘 만에 미나리가 무성하게 자라는 모습을 볼 수 있습니다. 이때 사용하는 물은 너무 차갑거나 뜨겁지 않은 상온의 물을 사용하는 것이 중요합니다. 물에 담긴 미나리는 햇빛이 잘 드는 창가에 놓아주되, 직사광선은 피해주세요. 너무 강한 빛은 오히려 성장을 저해할 수 있기 때문입니다.

더욱 튼튼하고 관리가 간편한 방법이 있습니다. 뿌리가 잘 발달한 미나리를 구입한 뒤 흙에 심는 방법입니다. 이때 흙이 마르지 않도록 주기적으로 물을 주면서 관리합니다. 그러나 뿌리가 썩지 않도록 적정 수준을 유지하는 것이 중요합니다.

미나리는 물을 좋아하는 식물이지만 과도한 물은 오히려 해롭습니다. 이 방법을 사용하면 돌미나리처럼 키가 작고, 튼튼하며 향이 진한 미나리를 키울 수 있습니다. 또한 매일 물을 갈아 줘야 하는 번거로움이 없으며 뿌리가 물러 썩는 일 없이 잘 자랍니다. 다만 화분에 심을 때는 배수가 잘 되는 흙을 사용하고, 미나리 줄기가 충분히 지지될 수 있도록 안정감 있게 심어 주는 게 중요합니다.

수확하기

미나리는 간단한 돌봄만으로도 알아서 잘 자랍니다. 이러한 특성 덕분에 집 안에서도 쉽게 미나리를 재배하며 자연의 맛을 느낄 수 있습니다.

미나리를 키울 때 알아야 할 것들

① 수경 재배 시 줄기 부분을 손가락 두세 마디 길이로 잘라 물에 꽂아 두면 됩니다. 꺾이는 노드 부분을 물에 담기게 넣어 주세요.

② 흙에서 미나리를 키우려면 배수가 잘 되는 펄라이트를 활용하면 배수가 좋아집니다.

소량으로 시작해도 빠르게 자라나기 때문에 너무 많은 양을 한번에 심을 필요가 없습니다. 자라면서 주변으로 퍼져 나가며 풍성해지기 때문입니다.

미나리가 성장할 때 주의해야 할 점은 속도입니다. 미나리는 매우 빠르게 자라므로 자주 수확하는 것이 좋습니다. 화분으로 경계를 두지 않는다면 어디까지 번지는 건지 그 한계를 정할 수 없지요. 수확을 하고 나서 얼마 뒤 다시 풍성하고 건강하게 자라나는 미나리를 볼 수 있을 것입니다.

미나리는 줄기가 한 뼘 이상으로 커지고 잎이 충분히 자랐을 때 수확합니다. 줄기를 통째로 뽑아내는 것이 아니라, 땅에서 약 2~3센티미터 높이에서 줄기를 잘라냅니다. 이렇게 하면 남은 줄기에서 새로운 싹이 다시 자라납니다. 만약 오래 방치한다면 미나리가 억세고 질겨질 수 있습니다. 미나리가 어느 정도 자란다면 가지치기를 자주 하는 것이 부드럽고 향긋한 미나리를 얻을 수 있는 최고의 방법입니다.

수확 후에는 해당 부위에서 새로운 미나리가 잘 자랄 수 있도록 지속적으로 관리하면 됩니다. 수분과 영양 상태를 주기적으로 확인하고, 필요하다면 추가적인 비료를 공급해 주세요. 또한 미나리는 습한 환경을 좋아하기 때문에 병해충이 생길 가능성이 높습니다. 따라서 오랫동안 건강하게 기르기 위해서는 항상 주변을 깨끗하게 유지하고 환기를 자주 해 주세요.

요리하기

미나리는 그 자체로 자연의 정수를 담고 있는 식재료입니다. 향이 좋은 다양한 식재료 중에서도 단연 돋보이는 미나리는 특히 봄철에 많이 찾게 됩니다. 겨우내 움츠렸던 몸과 마음을 일으키고 싱그러움을 주기에 이만한 채소가 없기 때문입니다.

미나리의 향긋함은 다양한 요리에서도 빛을 발합니다. 한국 요리에서 미나리는 전골, 찌개, 무침 등 다양한 방식으로 활용됩니다. 주재료는 당연하고, 부재료로 활용되어도 그 존재감이 돋보입니다. 집에서 솥밥을 만들 때 미나리를 활용해 보세요. 원하는 재료에 미나리를 잘게 썰어 추가하기만 하면 됩니다.

미나리는 특히 기름진 음식과 궁합이 좋습니다. 미나리의 향긋함과 풋풋함이 느끼함을 잡아 주기 때문입니다. 삼겹살과 함께 먹어 보세요. 생으로 먹어도 좋고, 삼겹살을 익힐 때 나온 기름에 함께 구워 먹는다면 다른 쌈채소가 필요 없을 정도로 맛있습니다.

미나리무침은 잃어버린 입맛을 돋아주는 반찬이 되어 줍니다. 미나리의 아삭한 식감과 시원한 맛이 돋보입니다. 미나리를 적당한 길이로 잘라 준비한 뒤, 소금으로 살짝 절인 후 찬물에 헹구고 물기를 제거합니다. 고추장, 고춧가루, 간마늘, 참기름, 식초, 설탕 등으로 양념장을 만들어 넣고 잘 버무립니다. 만약 좀 더 풍성한 재료를 넣고 싶다면 미나리무침에 오징어나 어묵, 새우 등의 재료를 곁들여 함께 무쳐도 든든하면서도 향긋하고 맛있는 요리가 완성됩니다.

마지막으로 미나리전을 추천합니다. 미나리를 주재료로 한 대표적인 요리 중 하나는 바로 미나리전입니다. 미나리를 깨끗이 씻어 준비합니다. 그리고 미나리를 입맛에 맞는 크기로 적당히 자릅니다. 이때, 미나리의 양에 따라 밀가루와 계란의 비율을 조절해 반죽을 준비합니다. 반죽에 미나리를 넣고 잘 섞은 뒤, 소금으로 약간의 간을 합니다. 달군 팬에 식용유를 약간 두르고, 준비한 반죽을 팬에 얇게 펴서 부칩니다. 반죽이 노릇노릇하고 바삭해질 때까지 양면을 잘 구워 줍니다. 미나리전은 그대로 먹어도 맛있고, 간장이나 양념장에 찍어 먹어도 좋습니다.

미나리는 풍부한 영양과 함께 직접 재배한 채소의 만족감을 느낄 수 있으며, 식탁에 특별함을 더해주는 것은 물론 일상의 무료함을 깨우는 작물이 되어 줍니다. 미나리를 넣은 요리를 맛보면 입 안 가득 퍼지는 상큼하고 시원한 맛 덕분에 미나리에 금세 매료됩니다. 그 어느 요리에 넣어도 맛을 한층 더 상승시키는 마법 같은 재료이지요.

미나리전 만들기

재료: 미나리 200그램, 부침가루 1컵, 물 1컵, 계란 1개

1. 물 5컵에 식초 1티스푼을 넣은 후 미나리를 2~30분 정도 담가준다.
2. 깨끗이 씻은 미나리를 원하는 크기로 자른다.
3. 볼에 자른 미나리, 부침가루, 물, 계란을 넣고 잘 섞는다.
 * 부침가루와 물을 추가하며 농도를 맞춘다.
4. 기름을 충분히 두른 팬에 반죽을 넣고 얇게 펴서 부친다.

미나리 맛있게 먹는 법

① 원하는 재료와 미나리로 솥밥을 만들어 보세요. 미나리의 향긋함이 살아나는 요리입니다.

② 기름진 삼겹살과 미나리를 함께 먹는 것도 좋은 방법입니다.

강인한 생명력을 지닌 쑥갓

쑥갓은 빠르게 성장하며 강인한 생명력을 가지고 있어 도시 속 작은 공간에서도 수확의 기쁨을 누릴 수 있습니다. 쑥갓을 건강하게 키우기 위해서는 충분한 빛이 필수입니다. 따라서 집에서 햇볕이 가장 잘 드는 창가나 밝은 실내 공간에서 재배하는 것이 바람직합니다. 만약 자연광이 충분하지 않다면, 식물 전용 조명을 사용하여 하루 6~8시간은 빛을 제공해 주는 것이 좋습니다.

재배하기

물과 토양 관리는 쑥갓을 키우는 데 매우 중요한 부분을 차지합니다. 쑥갓이 건강하게 성장하기 위해서는 토양의 적절한 습도를 유지하는 것, 즉 흙이 지나치게 마르지 않도록 관리하면서도 과습 상태가 되지 않도록 주의해야 합니다.

쑥갓은 물을 좋아하지만 과습은 뿌리의 부패와 줄기의 약화를 초래할 수 있습니다. 따라서 흙은 배수가 잘 되며, 물 빠짐이 좋은 것으로 선택하고, 환기를 자주 시키는 것이 중요합니다. 창문을 열어 환기하는 것

이 어렵다면 서큘레이터나 환풍기 등을 활용하여 정기적으로 공기를 순환시켜 주세요.

쑥갓의 씨앗은 햇빛을 필요로 하므로 흙 속에 너무 깊이 심지 않도록 주의해야 합니다. 싹이 난 후에는 적당한 간격을 유지하며 옮겨 심거나, 한두 포기를 남겨두고 모든 싹을 솎아내는 것이 좋습니다. 그렇게 하더라도 금세 자라서 빼곡해지므로 걱정할 필요가 없습니다.

온도에 민감하지 않은 쑥갓이지만 고온에서는 쉽게 꽃대를 올리는 경향이 있습니다. 한해살이인 쑥갓은 꽃이 피면 더 이상 성장을 하지 않고 멈추기 때문에 그 이후에는 수확을 할 수 없습니다. 따라서 높은 온도에 주의해야 합니다.

만약 날씨가 더울 때 쑥갓을 키우고 싶다면, 서늘한 환경을 일정하게 유지하거나, 자주 '순지르기'를 해 주는 것을 추천합니다. 순지르기는 생장점의 가지나 새순을 잘라내 영양분의 효율적인 분배를 도모하는 방법입니다. 꽃대가 생기거나 열매가 맺히고 식물의 하부로 가는 영양분이 부족해져 아래쪽의 잎들이 튼튼하게 자라지 못할 때 사용하면 좋은 방법이지요.

수확하기

쑥갓은 일반적으로 환경만 적합하다면 씨앗을 뿌린지 3~5일 만에 싹을 틔웁니다. 이는 쑥갓 재배의 첫 성공을 의미합니다. 이때부터 쑥갓의 성장을 주의 깊게 관찰해야 합니다. 초기에는 작은 크기이지만, 곧 쑥갓 특유의 모양으로 풍성하게 자라나지요. 이후 약 1~2개월이 지나면 수확이

모종으로 쑥갓 키우기

① 쑥갓은 모종을 사서 키우는 것을 추천합니다.

② 모종을 한 화분으로 옮겨 심을 때는 간격을 두고 심어 주세요. 쑥갓은 금세 자라기 때문에 곧 화분이 빼곡해집니다.

가능합니다.

수확 방법에는 주의가 필요합니다. 쑥갓의 약 3분의 1을 남겨두고 가위로 잘라내는 것이 중요합니다. 이러한 순지르기를 통해 남아 있는 쑥갓에서 곁순이 나오면서 더 풍성해지고 지속적으로 성장합니다. 또한 꽃대가 올라오는 것도 방지할 수 있습니다.

수확한 쑥갓은 신선도를 유지하는 것이 중요합니다. 신선한 쑥갓은 그때 맛과 향이 가장 좋으므로, 가능한 한 빨리 사용하는 것이 이상적입니다. 만약 장기간 보관이 필요하다면 깨끗이 씻어 물기를 완전히 제거한 뒤, 사용하기 편한 크기로 잘라줍니다. 손질한 쑥갓은 지퍼백이나 밀폐 용기 등에 넣어 냉동 보관합니다. 냉동 보관한 쑥갓은 생으로 먹기보다는 요리에 사용하는 것을 추천합니다.

만약 쑥갓을 생으로 먹고 싶다면 씻지 않은 채로 보관하는 것이 좋습니다. 이때 쑥갓 사이에 종이 타월을 껴 밀폐 용기에 넣고 냉장 보관을 해 보세요. 그리고 사용하기 직전에 씻어 주면 됩니다. 뿌리째 쑥갓을 수확했다면 뿌리 부분의 가지는 떼어 내 정리를 해 줍니다. 이후, 뿌리 부분이 살짝 닿을 정도로 물을 담은 채 밀폐 용기에 넣어 냉장 보관합니다. 이 방법은 쑥갓을 신선하게 유지할 수 있는 가장 효과적인 방법입니다.

요리하기

향긋한 향미 채소인 쑥갓은 비타민과 무기질이 풍부한 건강한 식재료입니다. 찌개와 국, 각종 나물 및 쌈 채소로도 유용합니다. 사실 쑥갓은 국화과 식물로, 꽃이 아름다워 해외에서는 식용보다는 관상용으로 쓰이지만 동양에서는 주로 꽃이 피기 전 식용 채소로 사용합니다.

만약 생으로 먹고 싶다면 무침이나 샐러드를 해도 좋고, 각종 국물 요리 등에 넣어 음식의 맛과 향을 풍성하게 만들 수 있습니다. 면 요리를 좋아한다면 라면이나 인스턴트 우동 등에 갓 딴 쑥갓을 조금만 올려 주더라도 근사한 요리를 한 기분이지요.

그중에서도 쑥갓을 활용한 몇 가지 요리를 추천하자면 먼저 쑥갓 두부범벅이 있습니다. 두부는 물기를 제거한 후 부드럽게 으깬 다음 그릇에 담아 줍니다. 쑥갓은 깨끗하게 씻어 끓는 물에 살짝 데친 후 적당한 크기로 썰어서 준비합니다.

준비된 두부와 쑥갓을 함께 넣고 잘 섞이도록 조심스럽게 젓습니다. 이 과정에서 쑥갓의 신선함과 두부의 부드러움이 조화를 이루도록 충분히 섞는 것이 중요합니다. 그리고 개인의 취향에 따라 소금으로 간을 맞춰 주면 완성입니다. 쑥갓 두부범벅을 만드는 과정은 간단하지만, 그 결과물은 단순함을 넘어 풍부한 맛을 선사합니다.

다음으로 쑥갓 훈제오리 샐러드입니다. 쑥갓과 훈제오리를 얇게 썰어서 준비합니다. 여기에 겨자 드레싱이나 발사믹 드레싱을 더해 간을 맞춥니다. 이 요리는 훈제오리의 진한 풍미와 쑥갓의 신선함이 조화롭게 어우러져 특별한 날 저녁 메뉴나 파티 음식으로 추천합니다. 훈제오리의 느끼함을 쑥갓이 잡아 주기 때문에 오리고기의 담백함이 더욱 돋보입니다.

쑥갓 파스타도 정말 맛있습니다. 넉넉한 물에 소금을 약간 넣고 파스타 면을 삶습니다. 면이 익는 동안 올리브오일을 팬에 두르고 잘게 다진 마늘을 약한 불에서 천천히 볶아 마늘의 향이 올리브오일에 스며들게 합니다. 이때 마늘이 타지 않도록 주의해야 합니다.

파스타가 거의 다 삶아졌을 때 쑥갓을 깨끗이 씻어 물기를 제거하고 적당한 크기로 잘라 줍니다. 파스타가 완전히 삶아지면 물을 빼고 볶은 마늘과 올리브오일이 있는 팬에 파스타를 넣습니다. 그리고 쑥갓을 넣고 재빨리 섞습니다. 이때 쑥갓은 너무 오래 볶지 않도록 주의해야 합니다. 쑥갓이 너무 익으면 그 향긋함이 줄어기 때문입니다. 소금과 후추로 간을 맞추고 기호에 따라 파마산 치즈를 뿌려도 좋습니다. 완성된 파스타를 먹으면 쑥갓의 향긋함이 입 안 가득 퍼지는 특별한 경험을 할 수 있습니다.

쑥갓 두부범벅 만들기

재료: 쑥갓 150그램, 두부 한 모, 소금 한 꼬집

1. 쑥갓은 깨끗하게 씻어 물기를 뺀 뒤 살짝 데치고, 적당한 크기로 자른다.
2. 두부는 물기를 제거한 후 으깬 다음 그릇에 담는다.
3. 두부를 넣은 그릇에 자른 쑥갓을 넣고 섞는다.
4. 소금을 추가하며 간을 맞춘다.

쑥갓 맛있게 먹는 법

① 두부와 쑥갓으로 맛있는 반찬을 만들어 보세요. 으깬 두부에 쑥갓을 넣고 간을 맞추면 쑥갓 두부범벅 완성입니다.

② 갓 딴 신선한 쑥갓을 훈제오리와 곁들여 먹어 보세요.

8장

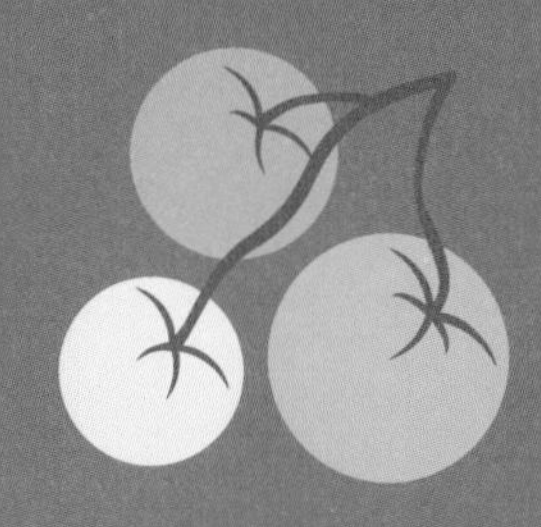

따 먹는 재미가 있는 열매채소류

엽채류와 허브를 키우니 자신감이 붙었습니다. 조금 더 다양한 작물을 키우고 싶다는 욕심이 생겼습니다. 마침 집 근처에는 방앗간이 될 만한 화원과 농장이 많았습니다. 사실 그동안 관심이 없었던 것이지 근처 마트만 가더라도 원예 용품을 쉽게 찾을 수 있었지요. 베란다 농부가 되고 나서야 그 모든 것들이 눈에 들어오기 시작했습니다. 역시 애정이 생기는 만큼 보이는 것이 많아지는 법입니다.

씨앗은 참 저렴했습니다. 1,000원에서 3,000원 사이면 다양한 종류의 씨앗을 구매할 수 있었습니다. 물론 더 비싼 씨앗도 있었지만, 화원에서 사 오는 화분에 담긴 식물에 비할 게 아닐 정도로 대부분 저렴했습니다. 엄청난 이득을 본 것 같은 기분이 들었지요. 그래서 다양한 작물을 구매해 와서 이것저것 마음껏 파종해 보았습니다. 하지만 열매 식물들은 자리 차지도 크고 관리도 꽤 필요하다는 것을 알게 되었고, 지금은 다양한 작물을 한 번에 많이 심지 않도록 자제하는 편입니다.

열매채소는 확실히 엽채류나 허브를 키울 때보다 좀 더 노력이 필요했습니다. 그만큼 추가적인 원예 용품이 필요하기도 했지요. 예를 들어 토마토, 콩, 고추 등 열매를 맺는 식물들이 자라면 열매의 무게를 지탱할 수 있도록 해야 했습니다. 식물지지대를 미리 설치해서 줄기가 꺾이거나 잎이 흙에 닿아 썩지 않도록 작업을 해야 하지요.

만약 딸기와 오이를 키운다면 인공수정도 직접 해야 합니다. 자연에서 키울 때와 달리 나비와 벌이 수정을 해 주지 않으니까요. 그래서 요즘에는 암꽃만 열리도록 개량된 씨앗도 있다는 사실을 나중에 알게 되었습니다. 또한 지속적으로 열매를 수확하기 위해서는 비료를 뿌리듯 식물 영양제를 때때로 줘야 합니다.

그래서 저는 원예 용품을 판매하는 화원과 동네 마트에 들러 필요한 것들을 종종 구입했습니다. 나가기 귀찮은 날은 온라인 쇼핑몰에서 아이쇼핑을 하며 다른 유용한 장비들도 함께 구매하곤 했습니다. 예를 들어 해충 방지를 위한 살충제나 식물을 키우는 사람을 위한 예쁜 앞치마, 식물 선반까지 보다 보니 소비 욕구가 생겨 이것저것 자꾸 구매하게 되었습니다.

처음엔 건강한 삶과 소비에서 벗어나고 싶어 시작했던 베란다 농사였는데, 어느새 장비에 집착하는 제 모습을 돌아보게 되었습니다. 식물을 키우고 채소를 기르는 과정, 그 본질에 대해 다시금 고민하기 시작했습니다. 불필요한 원예 용품은 정리하고 식물과 작물마다 꼭 필요한 용품 외에는 모두 나눠 주었습니다. 열매 식물을 위한 지지대, 방수가 되는 앞치마 두어 개, 물 조절이 쉬운 물뿌리개와 흙과 영양제를 계량할 스푼 그리고 손에 익은 화분 몇 가지만 남겨 두었습니다.

이렇게 하니 오히려 작물이 성장할 수 있는 더 많은 공간이 생겼습니다. 더 부지런히 식물을 들여다보며 살펴야 했습니다. 자연스레 열매도 건강하고 풍성하게 맺었습니다. 수확의 기쁨도 커지고, 식재료 사는 일도 줄었습니다. 장비에 연연하는 것에서 벗어나 본질에 집중하니, 식물도 나도 더 성장하는 느낌이 들었습니다. 오롯이 식물 키우기에 더 집중할 수 있게 된 것입니다.

'결순 제거'가 핵심, 방울토마토

어느 정도 식용 식물 키우기에 익숙해진 베란다 농부에게는 열매채소를 키워 볼 것을 권합니다. 방울토마토 중에서도 특히 '앉은뱅이 방울토마토'는 가정에서 기르기에 가장 적합한 종류입니다. 일반적인 방울토마토는 그냥 두면 키를 넘어설 정도로 자라고 줄기가 무성하기 때문에 관리가 어려울 수 있습니다. 반면 앉은뱅이 방울토마토는 이러한 걱정이 덜합니다. 상대적으로 열매를 많이 맺어 가정에서 키우기 안성맞춤입니다.

재배하기

방울토마토를 성공적으로 키우기 위해서는 몇 가지 주의해야 할 사항이 있습니다. 우선 충분한 햇빛이 꼭 필요합니다. 방울토마토는 햇빛을 많이 받아야 건강하게 자라므로 하루에 최소 6~8시간 이상은 충분한 빛을 받을 수 있는 위치에 둬야 합니다. 만약 빛이 적다면 식물등을 이용하는 것이 좋습니다.

열매채소는 씨앗 파종 후 발아 시간이 길기 때문에 모종을 구입해 시작하는 것을 추천합니다. 꽃을 피우고 열매를 맺기까지의 과정 이 덜

모종으로 방울토마토 키우기

① 초보 베란다 농부라면 방울토마토 키우기는 모종으로 시작할 것을 추천합니다.

② 분갈이 할 때 유기물이 풍부한 혼합토를 사용해야 열매가 잘 자랍니다. 화분은 깊이가 깊은 것으로 준비해 주세요.

③ 원줄기와 가지 사이에 작은 싹이 올라온다면, 제때 이러한 '곁순'을 제거해 줘야 합니다. 열매 맺는 데 필요한 영양분이 분산되지 않도록요.

④ 방울토마토는 최소 6~8시간 이상의 빛이 필요합니다.

까다롭기 때문입니다.

토양은 배수가 잘 되면서도 영양분이 풍부한 것이 좋습니다. 상점에서 구입한 토마토용 흙이나 유기물이 풍부한 혼합토를 사용해 보세요. 상대적으로 영양분이 적은 상토만을 이용했다면, 따로 식물 영양제나 비료를 뿌려줘야 열매를 잘 맺을 수 있습니다. 토양이 마르지 않도록 주기적으로 물을 주되, 물이 고이지 않도록 주의해야 합니다.

또한 '곁순 제거'는 방울토마토를 키울 때 중요한 관리 방법 중 하나입니다. 곁순은 원줄기와 가지 사이에 비스듬이 빼꼼 올라오는 작은 싹을 말합니다. 이 곁순들을 제때 자르지 않으면, 식물은 열매 맺는 데 필요한 에너지를 분산시켜 키만 자라게 됩니다. 따라서 건강한 열매를 맺기 위해서는 주기적으로 곁순을 제거해 주는 것이 중요합니다. 곁순을 제거할 때는 깨끗하고 날카로운 가위를 사용하거나 손으로 조심스럽게 잡아 당겨 제거합니다.

모종으로 방울토마토를 키워 보는 재미를 충분히 느꼈다면, 수확한 토마토의 알맹이 속 씨앗을 직접 발아시켜 보는 것도 매우 흥미로운 경험이 될 수 있습니다. 방울토마토 한 알을 반으로 갈라 씨앗을 꺼내고, 이를 깨끗이 씻은 후 발아시키는 방법입니다.

또한 방울토마토는 가지 삽목이 정말 잘 됩니다. 잘라 낸 가지를 물에 꽂아 두거나 흙에 심어 물을 제때 잘 주기만 하면 뿌리가 튼튼하고 건강하게 잘 내립니다. 올바른 관리와 함께 비료를 적절하게 사용하면 또 하나의 개체로 성장해 열매를 주렁주렁 맺는 모습을 볼 수 있습니다.

수확하기

방울토마토의 꽃이 지면 그 자리에 초록 방울이 맺힙니다. 알이 어느 정도 커지다가 빨갛게 익으면 수확할 차례입니다. 방울토마토가 너무 익으면 알맹이가 갈라져서 터지거나, 수확 전에 스스로 떨어지므로 그 전에 수확하는 것이 중요합니다.

또한 방울토마토를 수확할 때 토마토가 충분히 익었는지 확인하는 것이 좋습니다. 익은 방울토마토는 껍질이 탄력 있고 선명한 붉은 색을 띱니다. 방울토마토가 아직 녹색을 띠거나 부분적으로 빨간색이라면 조금 더 익을 때까지 기다려 주세요.

수확할 때는 방울토마토를 조심스럽게 잡고, 줄기에서 살짝 비틀어 떼어 냅니다. 손으로 수확하는 것이 가장 좋지만, 줄기가 단단한 경우에는 깨끗하고 날카로운 가위를 사용해 줄기를 잘라도 좋습니다. 이때 방울토마토에 무리한 힘을 가하지 않도록 주의해 주세요.

수확한 방울토마토는 바로 섭취하거나 요리 재료로 활용할 수 있습니다. 만약 완전히 익지 않은 방울토마토를 수확했다면 실온에서 보관하는 것을 추천합니다. 실온에서 천천히 숙성되면서 맛과 향이 더욱 좋아지기 때문입니다. 반면, 이미 완전히 잘 익은 방울토마토는 직사광선을 피하는 것이 중요합니다. 직사광선은 방울토마토의 숙성을 가속화시키므로 시원하고 어두운 곳에 보관해 주세요.

또한 곰팡이나 부패를 방지하기 위해 통풍이 잘 되는 곳에 두세요. 방울토마토를 밀폐된 용기나 비닐봉지에 넣어 보관하면 습기가 차서 쉽게 상할 수 있습니다. 가능하다면 방울토마토를 한 층으로 펼쳐 놓고 서

방울토마토 제대로 수확하기

잘 익은 방울토마토는 껍질이 탄력 있고
선명한 붉은색을 띱니다. 아직 녹색을 띠거나
부분적으로 빨갛다면 더 기다려 주세요.

로 닿지 않게 하는 것이 이상적입니다. 이렇게 하면 공기가 잘 순환되어 토마토가 더 오래 신선하게 유지됩니다. 만약 냉장 보관이 필요하다면 사용하기 전에 몇 시간 동안 실온에 두어 방울토마토가 원래의 온도와 맛을 되찾을 수 있도록 해 주세요.

요리하기

방울토마토는 간편하면서도 영양가가 높아 일상에서 건강한 식습관을 유지하고자 하는 사람들에게 안성맞춤입니다. 달콤하면서도 약간의 새콤한 신맛까지 나 질리지 않고 손이 갑니다. 방울토마토 안에는 '리코펜'이라는 항산화 물질이 들어 있습니다. 리코펜은 열이 가해지면 영양소가 체내에 더 잘 흡수됩니다. 그냥 먹어도 너무 맛있지만, 수확한 방울토마토를 익혀서 요리에 활용해 보는 것도 참 좋습니다.

방울토마토를 가장 신선하고 간편하게 활용하는 방법은 샐러드입니다. 방울토마토를 반으로 잘라 오이, 양상추, 양파와 같은 채소들과 섞습니다. 올리브오일만 둘러서 먹어도 좋지만, 기호에 따라 소금, 후추 그리고 발사믹 식초 등으로 드레싱을 만들어 잘 버무리면 간간한 느낌을 내면서 영양가 높은 한 끼가 완성됩니다.

또한 모차렐라 치즈를 더한 카프레제 샐러드 역시 방울토마토로 만들어 먹을 수 있는 맛있는 샐러드입니다. 대표적인 이탈리아 요리로, 방울토마토의 신선함과 모차렐라 치즈의 부드러움이 조화를 이루는 요리입니다. 방울토마토와 모차렐라 치즈를 번갈아 가며 담고, 기호에 따라서

간단한 방울토마토 샐러드 만들기

방울토마토만 있어도 맛있는 샐러드를 만들 수 있습니다. 방울토마토에 원하는 채소를 넣고 올리브오일, 발사믹 식초 등을 뿌리면 완성이지요.

신선한 바질 잎과 엑스트라 버진 올리브오일, 발사믹 글레이즈를 뿌려 완성합니다.

방울토마토를 열에 굽거나 익혀서 먹는 요리도 좋습니다. 올리브오일을 두르고, 토마토와 달걀을 볶아 먹는 '토달볶'은 간단하지만 맛있는 요리입니다. 기호에 따라 베이컨이나 새우, 버섯 등을 추가한다면 든든한 한 끼 식사가 될 수 있습니다.

또한 방울토마토를 오븐에 구우면 단맛이 더욱 강조되어 다른 요리의 부재료로 활용하기 좋습니다. 구운 방울토마토는 파스타, 피자 또는 빵 위에 올려 먹으면 그 맛이 더욱 풍부해집니다. 간단히 올리브오일과 소금, 치즈 가루를 뿌려 오븐에 약 20분간 구우면 완성됩니다.

토마토 계란볶음 만들기

재료: 방울토마토 8~10개, 계란 2개, 대파 ½개, 간장 1티스푼, 베이컨(생략 가능)

1. 방울토마토는 반으로 자릅니다.
2. 기름을 두른 팬에 대파를 볶습니다.
3. 대파가 반투명해지면 계란, 베이컨, 방울토마토를 순서대로 넣어 잘 볶습니다.
4. 토마토가 부드러워지면 팬 한쪽에 간장을 넣습니다. 이때 소스가 타지 않게 불의 세기를 약불로 줄여 주세요.

씨앗으로도 잘 자라는 그린빈

일명 '채두'라고 불리는 그린빈은 껍질이 워낙 부드러워서 껍질째 먹을 수 있는 강낭콩의 한 종류입니다. 아삭아삭한 맛이 매력적이며, 집에서도 간단히 재배할 수 있기 때문에 베란다 농사를 원하는 분들에게 자주 권하는 채소입니다.

그린빈은 다른 열매를 맺는 채소들과 마찬가지로 햇빛을 매우 선호합니다. 따라서 집에서 그린빈을 재배할 계획이라면, 햇볕이 가장 잘 드는 창가나 발코니 같은 장소를 선택하는 것이 좋습니다. 만약 자연광이 충분하지 않은 공간에서 재배하고 싶다면, 식물 전용 조명등을 활용해 그린빈이 필요로 하는 충분한 광량을 인공적으로 제공할 필요가 있습니다.

재배하기

그린빈은 씨앗으로 파종해도 잘 자라기 때문에 굳이 모종으로 키울 필요 없습니다. 다만 씨앗을 심기 전, 1~2시간 정도 물에 담가 불린 후 종자의 눈이 아래로 가도록 심으면 발아가 더 잘 됩니다. 또한 특별한 비료 없이도 잘 자라지만 거름을 주고 싶다면 밑거름을 주는 것이 좋습니다. 밑거

름은 토양에 기본 영양을 제공하는 것으로, 심을 때 흙에 영양제를 섞어서 넣어 주는 것을 의미합니다.

그린빈에 물을 주는 방법 역시 성장 과정에서 매우 중요한 요소입니다. 그린빈을 재배하면서 흙의 상태를 주기적으로 확인하고, 흙이 건조해졌을 때 적절한 양의 물을 공급해야 합니다. 또한 수돗물을 사용할 경우 1~2일 정도 물을 받아두었다가 염소 성분이 일부 증발하도록 한 뒤에 사용하는 것이 좋습니다.

실내에서 그린빈을 키울 때는 특히 물 빠짐이 잘 되는 흙을 사용하는 것이 중요합니다. 물을 너무 많이 주면 뿌리가 썩는 주요 원인이 될 수 있으므로, 흙에서 물이 잘 빠질 수 있도록 배수가 잘 되는 환경을 조성해 주세요. 이를 위해 펄라이트와 같이 건조가 잘 되는 재료를 혼합하여 사용하는 것을 추천합니다.

그린빈은 성장하면서 키가 크게 자라고 무거운 열매를 맺는 특성을 가지고 있습니다. 따라서 열매를 맺기 전에 식물이 꺾이거나 손상되지 않도록 미리 지지대를 설치하는 것이 매우 중요합니다. 지지대 없이 그린빈을 재배할 경우, 식물이 자라나면서 무게를 이기지 못하고 무너질 위험이 있으며, 열매가 땅에 닿아 썩게 될 수도 있습니다. 그렇기 때문에 그린빈을 심는 초기 단계에서부터 지지대를 함께 설치하고, 식물이 성장하면서 지지대를 따라 올라갈 수 있도록 지속적으로 관리해 줘야 합니다. 이렇게 하면 식물이 건강하게 자라나며 튼튼한 줄기를 유지할 수 있습니다.

그린빈은 심은 후 약 2개월 정도면 수확할 수 있을 정도로 비교적

씨앗으로 그린빈 키우기

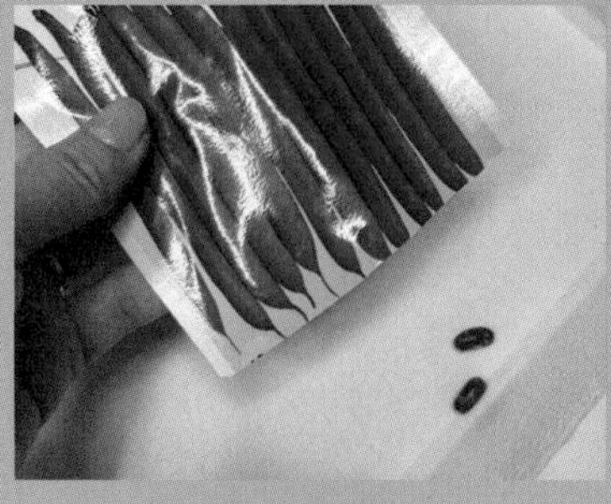

① 그린빈은 씨앗부터 키워도 충분히 잘 자랍니다.

② 씨앗을 심기 전, 1~2시간 정도 물에 불린 뒤 종자의 눈이 아래로 가도록 심어 주세요.

③ 흙은 펄라이트와 같이 건조가 잘 되는 재료를 혼합해 주세요.

④ 새싹이 나오면 다른 화분으로 분갈이 해 주세요.

⑤ 그린빈 열매가 맺히기 전 지지대를 함께
설치해 주세요. 그래야 식물이 꺾이거나
손상되지 않습니다.

빠르게 자라는 작물입니다. 또 다른 특징은 한 번 수확한 이후에도 계속 해서 새로운 열매를 맺는다는 점입니다. 따라서 첫 수확 이후에 지속적으로 관리한다면 그린빈을 계속해서 수확할 수 있지요. 수확한 후에도 적절한 물 주기와 햇빛 노출 그리고 필요한 경우 지지대의 조정을 통해 식물이 계속해서 건강하게 성장하도록 도와줘야 합니다.

수확하기

그린빈은 심은 후 대략 50~60일 사이에 수확할 준비가 됩니다. 콩이 여물기 시작하면 그 크기가 너무 커지기 전에 수확하는 것이 중요합니다. 보통 콩의 길이가 10~15센티미터 사이가 되었을 때가 수확하기 가장 좋은 시기입니다. 이 시점에서 그린빈은 질감이 아직 단단하면서도 신선한 상태를 유지하고 있어 가장 맛있게 즐길 수 있습니다. 만약 수확 시기를 놓치면 콩이 과도하게 성장해 질감이 떨어지고 맛도 덜해지지요.

수확 과정에서 주의해야 할 점은 그린빈의 줄기가 상당히 가늘고 약하기 때문에 조심스럽게 다뤄야 한다는 것입니다. 수확할 때는 한 손으로 줄기를 부드럽게 잡고, 다른 손으로 콩을 조심스럽게 뜯어내야 합니다. 특히 화분에서 자라는 그린빈의 경우 줄기가 더욱 여리기 때문에 가위를 사용하여 줄기가 뿌리째 뽑히지 않도록 아주 신중하게 잘라 내야 합니다. 이렇게 조심스럽게 수확해야 식물에 무리를 주지 않고 계속해서 새로운 콩이 자라나는 환경을 유지할 수 있습니다.

그린빈은 수확한 후 냉장 보관을 추천합니다. 이때 물로 헹굴 필요 없습니다. 물기는 콩의 부패를 촉진할 수 있기 때문에 사용하기 직전까지는 세척하지 않는 것이 좋습니다. 그 후 통풍이 잘 되는 봉투에 넣어 냉장고의 채소 보관함에 보관합니다. 이렇게 하면 그린빈이 숨을 쉴 수 있어 부패를 방지하고, 신선도를 더 오래 유지할 수 있습니다.

만약 장기간 보관이 필요하다면 냉동 보관을 권합니다. 그린빈을 깨끗이 씻고 물기를 제거한 뒤 그린빈을 잘 펼쳐서 냉동용 밀폐 용기나 지퍼백에 담아 냉동실에 보관합니다. 이렇게 하면 필요할 때마다 쉽게 꺼내 사용할 수 있으며, 수확한 그린빈을 최대한 오래도록 즐길 수 있습니다.

요리하기

그린빈은 요리할 때 아삭한 식감과 씹는 맛으로 입맛을 돋우는 신선한 식재료입니다. 그린빈은 주로 데치거나 볶아 사용하는데, 이러한 조리 방법은 서양 요리나 중국 요리에서 자주 활용됩니다. 또한 식물성 단백질이 풍부하고 열량이 낮으며, 비타민과 섬유소를 많이 함유하고 있어 체중 관리와 혈중 콜레스테롤 수치를 낮추려는 사람들 그리고 채식주의자들 사이에서 인기가 높습니다.

그린빈은 끓는 물에 1~2분 정도만 살짝 넣었다가 바로 꺼내야 색깔과 아삭한 식감을 그대로 유지할 수 있습니다. 너무 오래 데치면 아삭한 식감이 사라지고, 너무 말랑해져서 원하는 질감을 얻기 어렵습니다. 따라서 데칠 때는 시간을 정확하게 지키는 것이 중요합니다. 볶을 때는 팬에 기름을 약간 두르고 너무 말랑해지기 전에 볶는 것을 멈춰야 합니다. 이렇게 하면 그린빈의 아삭함을 즐길 수 있으며, 볶음 요리에서도 그린빈의 신선함과 풍미가 잘 드러납니다.

그린빈은 향이나 맛이 독특하거나 강하지 않기 때문에 다양한 요리에 부담 없이 사용할 수 있습니다. 볶음밥이나 파스타 등에 활용해 신선함과 아삭한 식감을 추가해 주지요. 더불어 요리에 색감을 더해 눈으로 보는 즐거움까지 제공합니다. 특히 생선이나 고기 스테이크의 가니쉬로 사용될 때 그린빈의 화사함으로 요리의 완성도를 한층 더 높여 줍니다.

간식이나 안주로도 그린빈은 훌륭한 선택입니다. 그중에서도 특별히 추천하고 싶은 것이 바로 그린빈 튀김입니다. 집에서 간편하게 즐길 수 있을 뿐만 아니라, 친구들과의 모임이나 파티에서도 손님들에게 제공하는 안주거리로 손색이 없습니다. 일반적인 튀김 요리가 기름을 많이 사용하고 복잡한 준비 과정을 필요로 하는 것과는 달리, 그린빈 튀김은 오븐을 이용해 더욱 건강하게 만들 수 있습니다.

만드는 방법도 매우 간단합니다. 먼저, 신선한 그린빈을 준비합니다. 달걀 흰자를 이용해 그린빈의 겉면에 얇은 코팅을 합니다. 이 코팅은 그린빈이 오븐에서 구워질 때 바삭한 질감을 더해 줍니다. 그 다음에는 파마산 치즈를 고르게 묻혀 줍니다. 이 치즈가 요리에 풍미를 더하고, 취향에 따라 소금을 약간 첨가해 조미를 할 수도 있습니다.

마지막으로 준비된 그린빈을 오븐에 넣고 200도에서 약 10분 동안 굽습니다. 완성된 그린빈 튀김은 바삭한 식감과 함께 파마산 치즈의 풍미가 어우러져 간단하면서도 매우 맛있는 요리가 됩니다.

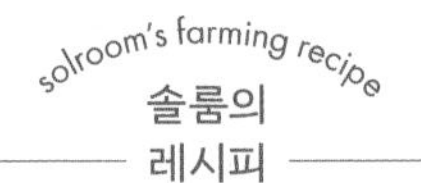

솔룸의
레시피

그린빈 튀김 만들기

재료: 그린빈 120그램, 계란 2개(흰자만), 파마산 치즈 2티스푼, 후추 1티스푼

1. 그린빈에 계란 흰자를 골고루 코팅합니다.
2. 코팅된 그린빈에 파마산 치즈를 전체적으로 묻힙니다.
3. 그 위에 후추를 살짝 뿌립니다.
4. 준비된 그린빈을 오븐에 넣고 200도에서 약 10분 동안 굽습니다.

그린빈 맛있게 먹기

① 그린빈을 스테이크 가니쉬로 활용해 보세요.

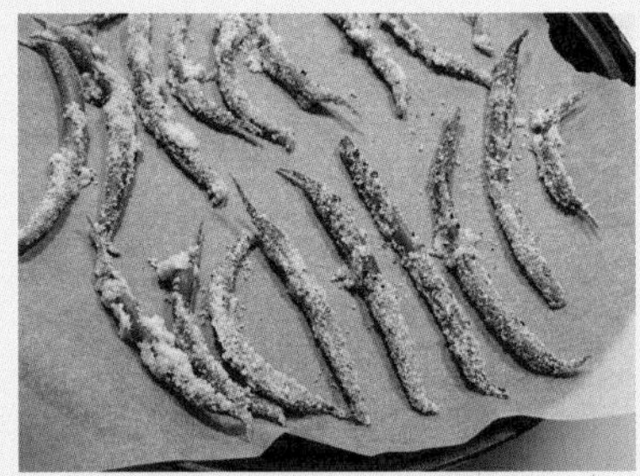

② 그린빈 튀김은 안주나 간식으로 훌륭한 요리입니다.

자가 수정이 가능한 고추

매운맛을 선호한다면 요리에 빠짐없이 넣는 식재료인 고추, 한국 요리에서 빠질 수 없는 채소이지요. 또한 고추는 한 번 사용할 때 많은 양이 필요하지 않기 때문에 집에서 직접 길러 필요할 때마다 조금씩 요리에 사용하기에도 좋은 작물입니다. 그래서 초보 베란다 농부에게 많이 권하는 채소이기도 합니다.

재배하기

고추를 집에서 키울 때는 씨앗을 직접 심어 기르는 것보다 모종부터 기르는 것이 훨씬 효율적입니다. 씨앗에서 시작할 경우 식물이 자라는 데 시간이 오래 걸리고, 이 과정에서 병해충 관리에 세심한 주의가 요구됩니다. 이 때문에 상당한 시간과 인내력이 필요하지요.

모종을 이용하면 이러한 어려움을 상당 부분 줄일 수 있으며, 식물의 성장도 더 빠르게 진행됩니다. 다만 깨끗하고 건강하게 자란 모종을 선택해야 합니다. 열매가 잘 맺히고 병해충에 강한 종류를 선택하는 것이 중요한데, 모종을 구매하고 나면 뿌리를 감싸고 있는 흙의 가장 윗부분과

모종으로 고추 키우기

① 고추 모종은 20~25센티미터 사이, 뿌리 색이 하얀색인 모종이 좋습니다. 맨 아래 있는 두 떡잎이 튼튼해야 하고, 꽃눈이 있는지 확인하는 것이 중요합니다.

② 화분으로 옮겨 심을 때 모종의 잎 부분을 가볍게 씻어 주세요. 간격을 두고 깊은 화분에 심는 게 좋습니다.

③ 고추 열매 때문에 줄기가 꺾이지 않도록
지지대를 꼭 설치해 주세요. 이때 지지대가
식물에 너무 밀착되지 않도록 주의해 주세요.

아랫부분을 살짝 털어내는 것이 좋습니다. 이어서 모종의 잎 부분을 흐르는 물에 가볍게 씻어 줘야 합니다. 이 과정은 해충의 알이나 진드기를 제거하여 모종을 보호하는 역할을 합니다. 과정을 모두 끝냈다면 간격을 두고 깊은 화분에 심어 주세요. 고추는 자라면서 점점 부피가 커지기 때문에 조밀하게 심으면 잘 자랄 수 없습니다.

고추는 햇빛을 매우 좋아하는 식물입니다. 따라서 밝고 환기가 잘 되는 장소가 최적의 장소이지요. 실내에서 고추를 키울 경우, 자연광이 부족할 수 있으므로 식물등을 활용하여 충분한 광량을 제공해 주세요. 식물등을 설치할 때는 고추의 성장 단계와 높이를 고려해 식물등의 높이를 조절할 수 있는 스탠드를 추천합니다. 고추가 필요로 하는 광량을 적절히 제공하면 고추의 건강한 성장을 돕고 풍성한 열매를 기대할 수 있습니다.

어느 정도 고추가 성장하기 시작하면 열매의 무게로 줄기가 꺾일 위험이 있습니다. 이를 예방하기 위해서 고추의 줄기를 지지해 줄 지지대를 설치해야 합니다. 지지대는 고추의 성장을 돕고 줄기가 꺾이는 것을 방지하며 고추가 안정적으로 성장할 수 있도록 도와줍니다. 하지만 지지대를 설치할 때는 너무 세게 밀착시켜 줄기에 손상을 주지 않도록 주의해야 합니다. 적절한 지지대의 사용은 고추가 건강하게 자라는 데 큰 도움이 됩니다.

수확하기

고추는 자가 수정이 가능한 식물로, 복잡한 수정 과정 없이도 열매를 맺을 수 있는 장점이 있습니다. 씨앗으로 시작해 고추를 키우기로 결정했다면 약 두 달 후 열매가 맺히기 시작하며, 이미 자라고 있는 모종을 선택했다면 한 달 정도면 열매를 기대할 수 있습니다. 고추의 열매는 성인의 손가락보다 두툼하게 자라면 수확할 준비가 된 것으로, 만약 빨간 고추를 재배하는 경우 꼭지 부분까지 완전히 빨갛게 익었을 때 수확하는 것이 중요합니다.

수확 과정에서는 몇 가지 주의해야 할 점이 있습니다. 바로 고추가 달린 줄기의 꼭지 부분을 손가락으로 가볍게 잡고 위로 살짝 젖혀서 따는 것입니다. 만약 아래로 당겨서 수확하면 줄기가 손상될 위험이 있습니다. 화분에서 재배하는 고추는 야외에서 키우는 것에 비해 줄기가 비교적 연약하기 때문에 가위를 사용하여 고추를 잘라 내는 것을 추천합니다.

또한 집에서 재배할 때는 고추가 잘 익었을 때 바로 따는 것이 중요합니다. 이렇게 해야 영양분이 새로 열릴 고추로 잘 분배되어 건강하게 성장할 수 있는 환경이 만들어지지요.

고추는 생육 기간이 상대적으로 긴 편이며, 열매를 많이 맺는 특성을 가지고 있습니다. 고추가 열매를 많이 맺는 시기에는 적절한 양의 웃거름이 필요합니다. 비료마다 권장하는 비율이 다르니 꼭 확인해 보세요. 특히 고추의 원줄기에서 조금 떨어진 곳에 웃거름을 주면, 고추가 영양분을 더 잘 흡수할 수 있습니다.

하지만 비료를 너무 많이 주면 오히려 고추가 열매를 맺는 데 방해 될 수 있습니다. 언제 비료를 줘야 할지 확실하지 않다면, 정기적으로 물을 줄 때마다 액체 식물 영양제를 적당량 희석해서 주는 것도 좋은 방법입니다. 이는 고추가 필요한 영양분을 꾸준히 공급받을 수 있게 하며, 고추가 더욱 튼튼하게 자랄 수 있도록 도와줍니다.

고추는 맛과 향을 오래 유지하기 위해 냉장 보관을 추천합니다. 이렇게 하면 몇 주 동안 신선하게 사용할 수 있습니다. 하지만 더 오래 보관하고 싶다면 고추를 말려서 보관하세요. 말린 고추는 공기가 잘 통하는 서늘한 곳에서 직사광선을 피해 두는 것이 좋습니다. 장소가 적당하지 않다면 가정에서 쉽게 사용할 수 있는 오븐이나 식품건조기를 이용하는 것도 하나의 방법입니다. 고추를 균일하게 말린 후, 가루로 빻아 고춧가루 형태로 보관하면 됩니다.

요리하기

강렬한 향과 매운맛의 고추는 식욕을 자극하고 다양한 음식의 맛을 한층 더 향상시키는 역할을 합니다. 또한 비타민 C가 풍부한 건강한 식재료이며, 매운맛별 다양한 종류의 고추가 존재합니다. 이러한 다양성 덕분에 각 요리의 특성에 맞게 적합한 고추를 선택해 요리할 수 있지요.

고추의 활용 방법은 매우 다양합니다. 국물 요리에서는 매운맛을 더해 칼칼하고 시원한 맛을 내는 데 사용되며, 볶음 요리에서는 풍미를 증진시키는 재료로 활용됩니다. 소스로 활용해 입맛을 돋우는 역할을 하기도 하지요.

특히 매운 요리를 선호하는 한국에서 고추의 역할은 더욱 돋보입니다. 김치, 겉절이, 무침 같은 요리에서 고춧가루가 필수 재료로 사용되어 매운맛과 함께 깊은 풍미를 더해 줍니다. 이 외에도 통고추를 직화로 구워 불 맛을 더한 고추구이는 그 자체로도 맛있을 뿐만 아니라 다양한 요리에 향미를 더하는 재료가 됩니다. 또한, 고추를 장류에 담가 발효시켜 만든 고추 장아찌는 새콤달콤함과 매운맛이 어우러져 밥도둑 반찬으로 손색이 없습니다.

한 가지 추천할 고추 요리는 노릇노릇 구워 고소하면서도 매콤한 고추전입니다. 다진 돼지고기에 양파, 당근, 쪽파 등을 함께 버무려 소금과 다진 마늘로 간을 하여 치댑니다. 고추를 세로로 잡아 반을 가른 후, 씨를 제거하고 고추 안에 충분한 공간을 만들어 줍니다. 부침가루를 살짝 발라 준비해 둔 돼지고기로 속을 채운 뒤 달걀물을 묻혀 식용유를 두른 프라이팬에 중약불로 골고루 익혀 줍니다. 고추전이 노릇노릇하게 익으면 완성입니다.

간단하게 먹을 수 있는 밥 반찬으로는 된장 고추 무침이 있습니다. 깨끗하게 씻은 고추를 한 입 크기로 썰어 줍니다. 그리고 시판용 된장과 소량의 고추장을 넣은 후 기호에 따라 매실청, 다진 마늘, 참기름 등을 섞어 고추를 버무리면 끝입니다. 이렇게 만든 된장 고추 무침은 매콤하면서도 아삭한 식감 덕분에 다른 반찬 없이도 한 끼 식사를 맛있게 먹을 수 있도록 도와줍니다. 입맛이 없을 땐 누룽지와 함께해도 좋고, 고기를 구워 곁들여 먹어도 좋습니다.

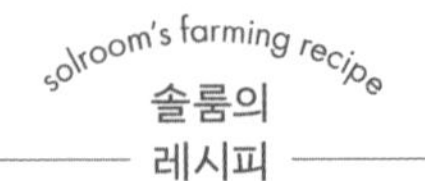

솔룸의
레시피

고추전 만들기

재료: 고추 8개, 두부 반 모, 계란 3개, 쪽파 2대, 당근 20그램, 부침가루 조금, 참기름 1티스푼, 소금 한 꼬집, 후추 한 꼬집

1. 고추는 깨끗이 씻어 반으로 잘라 준비합니다. 고추씨는 다 제거해 주세요.
2. 볼에 두부를 으깬 후 잘게 썬 쪽파와 당근을 넣어 섞습니다.
3. 소금과 후추, 참기름을 넣어 간을 맞춥니다.
4. 고추에 부침가루를 살짝 바른 뒤 두부 속을 넣습니다.
5. 속을 채운 고추에 계란물을 발라 기름을 두른 팬에 중약불로 익힙니다.

간단한 고추전 만들기

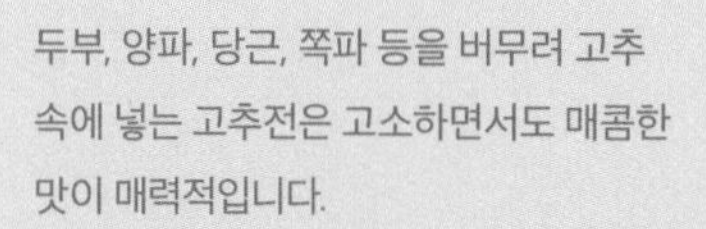

두부, 양파, 당근, 쪽파 등을 버무려 고추 속에 넣는 고추전은 고소하면서도 매콤한 맛이 매력적입니다.

쉽게 길러서 맛있게 요리하는 베란다 텃밭 가꾸기
오늘부터 베란다 농부

인쇄일 2024년 7월 12일
발행일 2024년 7월 19일

지은이 이해솔
펴낸이 유경민 노종한
책임편집 구혜진
기획편집 유노라이프 권순범 구혜진 **유노북스** 이현정 조혜진 권혜지 정현석 **유노책주** 김세민 이지윤
기획마케팅 1팀 우현권 이상운 **2팀** 이선영 김승혜 최예은
디자인 남다희 홍진기 허정수
기획관리 차은영
펴낸곳 유노콘텐츠그룹 주식회사
법인등록번호 110111-8138128
주소 서울시 마포구 월드컵로20길 5, 4층
전화 02-323-7763 **팩스** 02-323-7764 **이메일** info@uknowbooks.com

ISBN 979-11-91104-95-0 (13590)

• – 책값은 책 뒤표지에 있습니다.
• – 잘못된 책은 구입한 곳에서 환불 또는 교환하실 수 있습니다.
• – 유노북스, 유노라이프, 유노책주는 유노콘텐츠그룹 주식회사의 출판 브랜드입니다.